FORSCHUNGSBERICHTE DES LANDES NORDRHEIN-WESTFALEN

Nr. 1727

Herausgegeben
im Auftrage des Ministerpräsidenten Dr. Franz Meyers
vom Landesamt für Forschung, Düsseldorf

DK 629.12:532.525
621–225:629.12

Prof. Dipl.-Ing. Wilhelm Sturtzel
Priv.-Doz. Dr.-Ing. Hermann Schmidt-Stiebitz

Versuchsanstalt für Binnenschiffbau e. V., Duisburg
Institut an der Rhein.-Westf. Techn. Hochschule Aachen

Untersuchung der Querkräfte und der Propulsionsgütegrade von Spaltdüsen mit steuerbarer Sekundärdüse

80. Mitteilung der VBD

WESTDEUTSCHER VERLAG · KÖLN UND OPLADEN 1966

ISBN 978-3-663-06458-9 ISBN 978-3-663-07371-0 (eBook)
DOI 10.1007/978-3-663-07371-0

Verlags-Nr. 011727

Gesamtherstellung: Westdeutscher Verlag

Inhalt

Textteil

1. Einführung

Die Konstruktion von Einfachdüsen, die zur Steuerung von Schiffen dienen sollen, sind bisher

1. mit festliegender und
2. mit (um senkrechte Achse) schwenkbarer

Propellerwelle durchgeführt worden. Beide Varianten haben den mit ihnen versehenen Schiffseinheiten gute Steuereigenschaften verliehen. Die Verbesserungen gegenüber der Wirkung herkömmlicher Ruderanordnungen waren besonders bei kleinen Fortschrittsgraden der Propulsionsanlage spürbar. Bei der erstgenannten Variante wirkt sich allerdings der für das Schwenken der Düse um die festbleibende Propellerebene erforderliche Spalt zwischen Propelleraußenrand und Düseninnenkante stark nachteilig auf die Propulsionsgütegrade bei Geradeausfahrt aus. Bei der zweitgenannten Variante bringt die Entwicklung der erforderlichen Umlenkungs- und Steuergetriebe neben den anfallenden höheren Kosten zunächst auch eine Beschränkung auf Antriebsleistungen unter 500 PS mit sich. Sämtliche aufgeführten Nachteile schienen bei Verwendung einer Doppeldüse mit schwenkbarer Sekundärdüse, jedoch festliegender Propellerwelle und Primärdüse, vermeidbar, für die in den voraufgegangenen Untersuchungen [1–4] ein zu beachtender Gewinn im Propulsionsgütegrad gegenüber dem der Einfachdüse nachgewiesen wurde. Die Messungen bestätigen in vollem Maße die in die Steuerfähigkeit der Doppeldüse gesetzten Erwartungen und lassen die Wettbewerbsfähigkeit der Doppeldüse gegenüber einer steuerfähigen Einfachdüse erkennen.

2. Übersicht über die Versuche

Kanal	Großer Tank der VBD, stehendes Wasser $L = 148$ m, $B = 9{,}8$ m, $H_w = 920$ mm
Versuchsgerät	Großes Freifahrtgerät der VBD wie in FB 1116 [2] und 1324 [3] beschrieben. Zusätzlich Verdreheinrichtung für die durch die Strebenverkleidung der Sekundärdüse geführte senkrechte Halterungswelle der Sekundärdüse. Meßmöglichkeiten mit Hilfe von Biegeelementen und Dehnungsmeßstreifen des Schubes von Primärdüse und Sekundärdüse und des Drehmomentes der Sekundärdüse.

Primärdüse	64 aus bisherigen Ergebnissen entwickelt NACA 4405 $L/D = 0{,}5$
Sekundärdüse	49 wie in FB 1431 [4]
Stellung 1	Vorderkante Sekundärdüse auf 82% L der Primärdüse
Stellung 2	Vorderkante Sekundärdüse auf Hinterkante Primärdüse (100% L)
Propeller	116 R wie in FB 1431 [4] 1 mm Spaltbreite zur Düseninnenkante
Mitte Welle	350 mm unter Wasserspiegel
Ruderwinkel	der Sekundärdüse $\beta_R = 0 - 30°$ mit 5° Stufung
Geschwindigkeiten	$v = 0 - 3{,}0$ m/s
Messungen	Propellerschub und -drehmoment mit Federelementen (Kempf und Remmers) Schub Primär- und Sekundärdüse (getrennt), Ruderdrehmoment der Sekundärdüse über Dehnungsmeßstreifen und Meßverstärker geschrieben auf Visicorder.

3. Auswahl der Düsenabmessungen

Um den apparativen Aufwand niedrig zu halten, wurde die hier zu verwendende Düse unter den nach FB 1324 [3] erprobten und als günstig befundenen Düsen ausgewählt. Ein dem herkömmlichen Hartruderwinkel von Profilrudern entsprechender Schwenkwinkel der Sekundärdüse war nur mit Doppeldüsen breiten Spaltes erzielbar. Unter diesen hatte die Doppeldüse 43/49 in der Stellung 1, d. h. Vorderkante Sekundärdüse (49) auf 0,75 L in Sehnenrichtung des Primärdüsenprofils (in FB 1324 [3] mit Stellung 2 bezeichnet) gemessen, die besten Ergebnisse gezeitigt. Die bisher verwendete Primärdüse war für die Übernahme größeren Schubs beim Ausschwenken der Sekundärdüse mit $L/D = 0{,}35$ zu kurz und wurde mit $L/D = 0{,}5$ neu entworfen (Abb. 1). Ihr Profil erhielt einen Sehnenanstellwinkel von 11,5° bei 15% Profildicke. Der Profilrücken auf der dem Propeller zugekehrten Seite wurde im Bereich der Propellerberandung weitgehend begradigt, um den wirksamen Spalt möglichst auf die gesamte Propelleraußenkontur auszudehnen. Als praktisch vertretbare Mindestspaltbreite wurde nach den Versuchen in FB 1431 [4] 1 mm (im Modell) im Radius angesehen und konstruiert. Die Aufmaße sind der Abb. 1 zu entnehmen. Außer der erwähnten Düsenzuordnung, die hier mit Stellung 1 bezeichnet wird, wurde zusätzlich noch die Stellung 2 untersucht (Abb. 2), bei der Vorderkante Sekundärdüse in der Seitenprojektion auf Hinterkante Primärdüse liegt. Der Rohling der Primärdüse 64 wurde wie die Vorgänger aus Aluminium gegossen. Als Propeller wurde das von den genannten Untersuchungen bekannte Modell 116 R mit der Konzeption für einen Fischdampfer benutzt.

4. Durchführung der Versuche

Der Aufbau der Meßeinrichtung war durch das Vorhandensein der erprobten Gesamtanlage [2–4] unter Einschluß des großen Freifahrtgerätes von Kempf und Remmers und vieler Einzelteile aus den vorangegangenen Versuchsreihen sehr erleichtert. Neu anzubringen war die Halterungswelle der Sekundärdüse, die durch die ausgehöhlte und feststehende Strebenverkleidung geführt war. Auf einer am oberen Ende festangeordneten Lochscheibe mit 5°-Teilung nach beiden Seiten war es möglich, mittels Stift die Ausschwenkstellung der Sekundärdüse festzulegen. Weiterhin wurde in die Vorrichtung noch eine Meßstelle für das Ruderdrehmoment eingearbeitet. Um mit den zur Verfügung stehenden geringen Mitteln haushälterisch umzugehen, wurde der manuelle Justier- und Ableseaufwand mit den damit verknüpften Fehlerquellen weitgehend eingeschränkt. Die Daten der Meßwertgeber wurden über Meßverstärker auf sofort entwickelten Visicorderstreifen geschrieben und waren dadurch bereits während der Versuchsfahrten auf Stichhaltigkeit überprüfbar.

5. Ergebnisse

5.1 Wirkungsgrad

Für jede um 5° gestufte Stellung der Sekundärdüse nach back- und steuerbord wurden nach Abzug der Strebenwiderstände (Abb. 3, 4, 5) die Schub- und Momentenbeiwerte und Propulsionsgütegrade über dem Fortschrittsgrad ermittelt und aufgetragen (Abb. 6–18 und 19–31). Der optimale Wirkungsgrad fällt von etwa $\eta = 58\%$ bei $\beta_R = 0°$ auf etwa $\eta \sim 30\%$ bei $\beta_R = 30°$ und verschiebt sich dabei zu etwas kleineren Fortschrittsgraden. Zwischen den Ergebnissen für Back- und Steuerbordausschläge bestehen keine grundsätzlichen Unterschiede. Es ergeben sich lediglich geringfügige und normalstreuende Abweichungen. Das Wirkungsgradoptimum für $\beta_R = 0°$ liegt etwa 6% über dem des Ausgangsdüsensystems 43/49 aus FB 1324 [3] mit Propeller 112 R und kennzeichnet die mit dem Neuentwurf erzielte Verbesserung. Den Wirkungsgradabfall infolge Ausschlags der Sekundärdüse bei konstantem Fortschrittsgrad gibt Abb. 32 wieder. Unter Berücksichtigung des Geschwindigkeitsabfalls nach eingeleiteten Steuervorgängen kann die Hüllkurve praktisch als maßgeblich für den Wirkungsgradabfall angesehen werden.

Jeder der η-Kurven (Abb. 6–31) ist zum Vergleich der Wirkungsgradanstieg der Schraube ohne Düse gegenübergestellt worden, um die Verbesserung durch das Düsensystem zu kennzeichnen. Die Verbesserung liegt naturgemäß bei kleinen Fortschrittsgraden und bleibt auch bei Ausschlag der Sekundärdüse erhalten. Abb. 33 (unten) gibt an, bei welchem Fortschrittsgrad – abhängig vom Ausschlagwinkel der Sekundärdüse – die Verbesserung durch die Düse aufgehoben wird. Abb. 33 (oben) läßt die maximale η-Vergrößerung für die genannten Varianten erkennen. Ein Unterschied zwischen Stellung 1 und 2 ist hierbei nicht feststellbar. Der auf den Wirkungsgrad der allein fahrenden Schraube bezogene Gewinn durch Doppeldüse bei verschiedenen Ausschlägen der Sekundärdüse gibt Abb. 34 an.

5.2 Querkraft

Der Querkraftanstieg über der Geschwindigkeit bzw. dem Fortschrittsgrad ist bei geringen Ausschlägen der Sekundärdüse annähernd linear (Abb. 35–38). Mit zunehmendem Ausschlagwinkel wird der Querkraftanstieg besonders bei kleinen Fortschrittsgraden sehr viel steiler als in den Anfangslagen, um bei größeren Fortschrittsgraden deren Werte etwa wieder zu erreichen. Der querkraftmäßig optimale Hartruderwinkel (Abb. 39, 40) ist bei Stellung 1 im ganzen Geschwindigkeitsbereich etwa mit $\beta = 25°$ und bei Stellung 2 und kleinen Geschwindigkeiten erst mit $\beta_R = 30°$ erreicht. In Stellung 2 bildet sich im oberen Geschwindigkeitsbereich ein flaches Optimum schon unter Ruderwinkeln von $\beta_R = 20$–$25°$ aus, ohne nennenswerte Verluste durch größere Hartruderwinkel erkennen zu lassen. Die bedeutenden Vorteile der Steuerdüse gegenüber einem statisch wirkenden Ruder springen durch Ermittlung des Querkraftbeiwertes ins Auge (Abb. 41–44), der wie üblich auf Staudruck und Projektionsfläche (hier wegen der Ringform zweifach gezählt) bezogen wird. Gerade in dem bezüglich Wirkungsgrad vorteilhaften Bereich niedriger Fortschrittsgrade für Doppeldüsenanordnung übersteigt der Querkraftbeiwert den der besten herkömmlichen statisch wirkenden Ruder [7] um ein Vielfaches, wobei die beiden Stellungen der Sekundärdüse kaum nennenswerte Unterschiede zeitigen. Eine entsprechende Überlegenheit bei kleinen Fortschrittsgraden hat der Ruderpropeller bereits bewiesen [5, 6].

5.3 Rudermoment

Um eine Orientierung der Ruderquerkräfte und -momente zu den sonstigen auftretenden Kräften zu erhalten, sind von ihnen Beiwerte wie für den Vortriebs-Schub und das Moment gebildet worden, die ihnen größenordnungsmäßig entsprechen (Abb. 45–56).Die Rudermomente halten sich in dem interessanten Fortschrittsgradbereich gleichbleibend niedrig und steigen erst zu höheren, praktisch nicht erreichbaren Geschwindigkeiten stärker an. Sicherlich trägt die Abschirmung durch die Primärdüse zu dem günstigen Ergebnis viel bei. Die absolute Größe des Rudermomentes in [kpm] in der Versuchsausführung errechnet sich durch Multiplikation des Beiwertes mit 11,43.

6. Zusammenfassung

Die hier durchgeführten Querkraft-, Ruderdrehmomente- und Propulsionsgütegradmessungen an einer Doppeldüse mit steuerbarem Sekundär-Düsenteil haben den Erweis gebracht, daß die Doppeldüse außer einem Gewinn an Wirkungsgrad gegenüber der Einfachdüse auch in wirksamer Weise zum Steuern verwendet werden kann. Die Ergebnisse lassen wünschenswert erscheinen, die mit einer steuerbaren Doppeldüse erzielbaren Manövrierverbesserungen auf Untersuchungen an einem freifahrenden, mit einer derartigen Kombination von Propulsions- und Steuerorgan ausgestatteten Modell auszudehnen.

Um den Entwurf und das einwandfreie Funktionieren der Meßapparatur hat sich Dipl.-Ing. PETER BÜCHEL verdient gemacht. Der Verfasser dankt ihm für seinen Beitrag am Gelingen der Untersuchung.

Priv.-Doz. Dr.-Ing. HERMANN SCHMIDT-STIEBITZ

7. Literaturverzeichnis

[1] SCHMIDT-STIEBITZ, H., Untersuchungen über die Möglichkeiten, den Wirkungsgrad von Düsenpropellern durch zusätzlich angeordnete Mischdüsen zu verbessern. FB 561 des Landes NRW*.

[2] ADAM, U., Untersuchung der Wirkungsgradverbesserung von Propellern, erstens bei kleinem und zweitens bei großem Fortschrittsgrad durch Ummantelung mit Spaltdüsen. FB 1116 des Landes NRW*.

[3] ADAM, U., Untersuchung der Wirkungsgradverbesserung an Spaltdüsensystemen durch optimale Gestaltung des Diffusorauslaufs. FB 1324 des Landes NRW*.

[4] ADAM, U., Untersuchung über den Einfluß der Spaltbreite zwischen Propelleraußenrand und Düseninnenwand auf den Wirkungsgrad von ummantelten Kaplanschrauben. FB 1431 des Landes NRW (und Literaturverzeichnis dort)*.

[5] SCHÄLE, E., und H. HEUSER, Untersuchung der Manövriereigenschaften von geschobenen Fahrzeugen, die einzeln oder im Verband befördert werden, unter dem Einfluß von Strömung und Fahrwasserbeschränkung. FB 1072 des Landes NRW*.

[6] SCHMIDT-STIEBITZ, H., Die Manövriereigenschaften der Schiffe in Abhängigkeit von Schiffsform und Fahrwasser. Schiff und Hafen 2/1964, S. 97.

[7] HELM, K., und H. HEUSER, Systematische Ruderversuche mit einem Schleppkahn und einem Binnenselbstfahrer vom Typ »GUSTAV KOENIGS« mit Kort-Düse. Schiff und Hafen 7/1960.

* Im gleichen Verlag erschienen.

Abbildungen

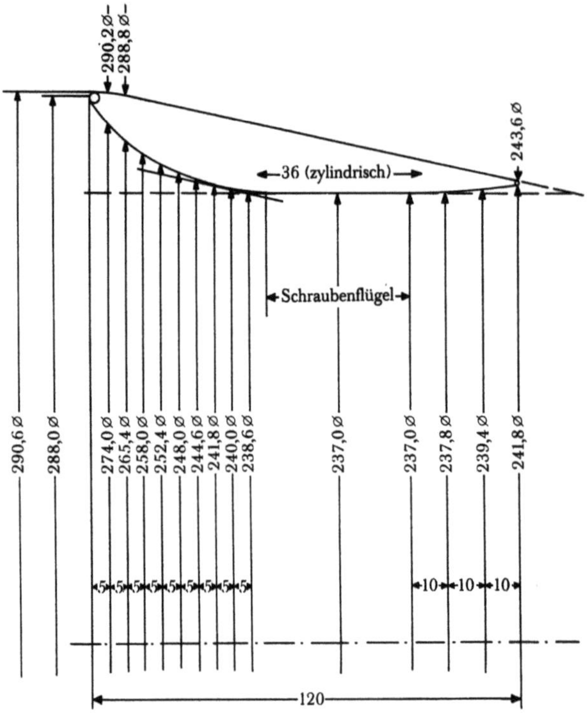
290,2∅
288,8∅
243,6∅
36 (zylindrisch)
Schraubenflügel
290,6∅
288,0∅
274,0∅
265,4∅
258,0∅
252,4∅
248,0∅
244,6∅
241,8∅
240,0∅
238,6∅
237,0∅
237,0∅
237,8∅
239,4∅
241,8∅
5 5 5 5 5 5 5 5
10 10 10
120

Abb. 1 Düse 64, Maßstab 1:2

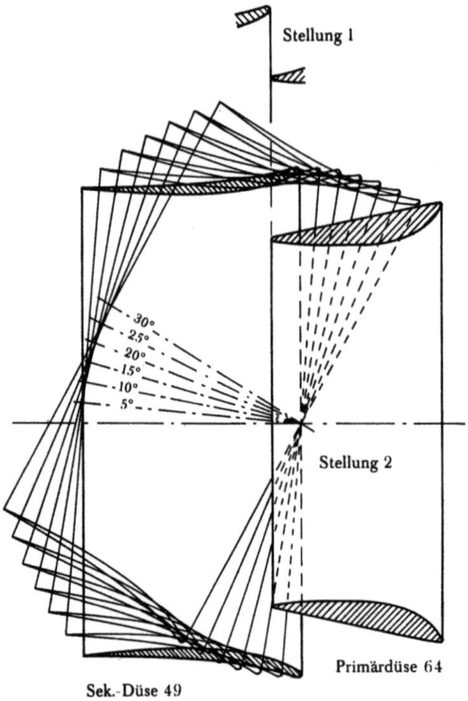
Stellung 1
30°
25°
20°
15°
10°
5°
Stellung 2
Primärdüse 64
Sek.-Düse 49

Abb. 2 Ruderstellungen bei verschiedenen Winkeln 5°, 10°, 15°, 20°, 25°, 30°, Maßstab 1:5

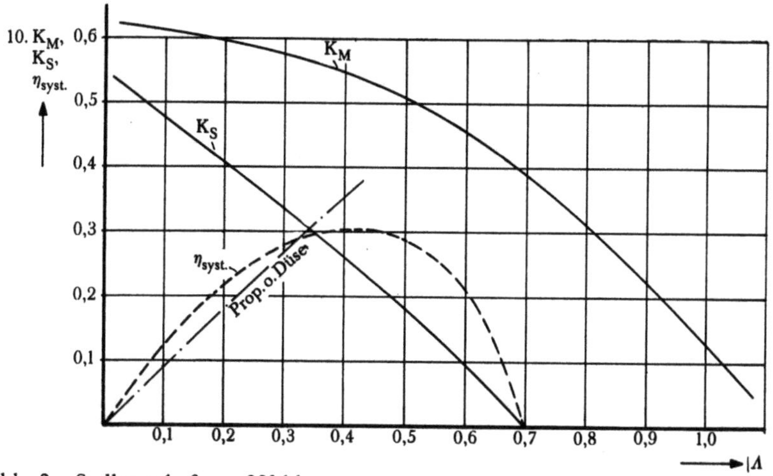

10. K_M, K_S, $\eta_{syst.}$
0,6
0,5
0,4
0,3
0,2
0,1
K_M
K_S
$\eta_{syst.}$
Prop.o.Düse
0,1
0,2
0,3
0,4
0,5
0,6
0,7
0,8
0,9
1,0
Λ

Abb. 3 Stellung 1, $\beta_R = 30°$ bb

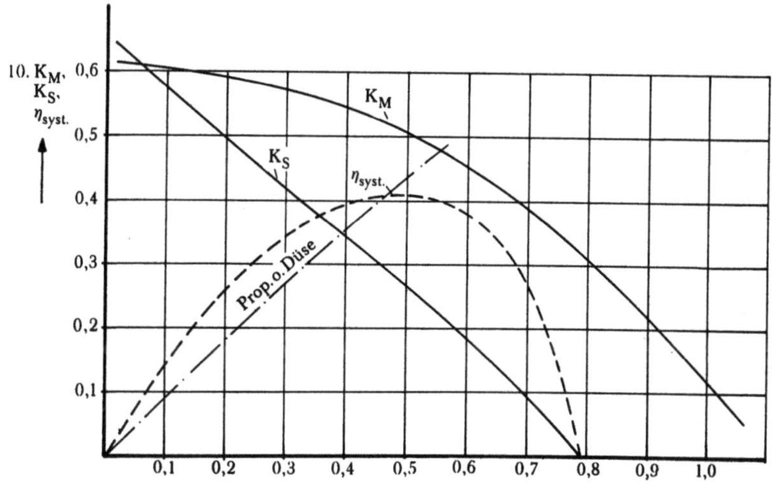

10. K_M, K_S, $\eta_{syst.}$
0,6
0,5
0,4
0,3
0,2
0,1
K_M
K_S
$\eta_{syst.}$
Prop.o.Düse
0,1
0,2
0,3
0,4
0,5
0,6
0,7
0,8
0,9
1,0
Λ

Abb. 4 Stellung 1, $\beta_R = 20°$ bb

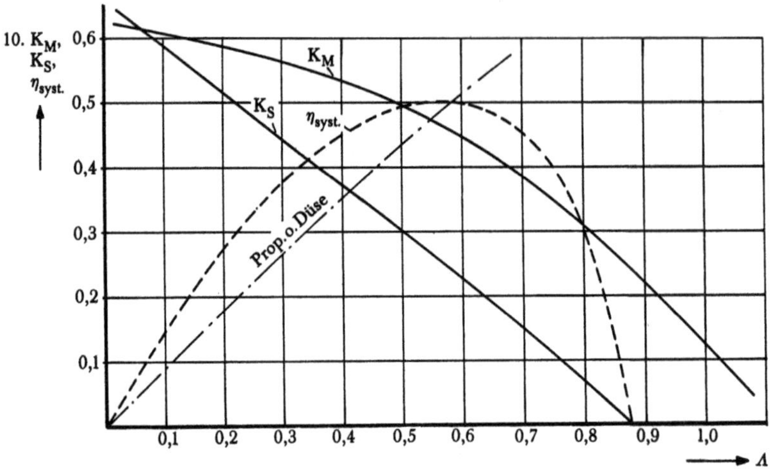

10. K_M, K_S, η_syst.
0,6
0,5
0,4
0,3
0,2
0,1
K_M
K_S
η_syst.
Prop.o.Düse
0,1
0,2
0,3
0,4
0,5
0,6
0,7
0,8
0,9
1,0
Λ

Abb. 5 Stellung 1, $\beta_R = 10°$ bb

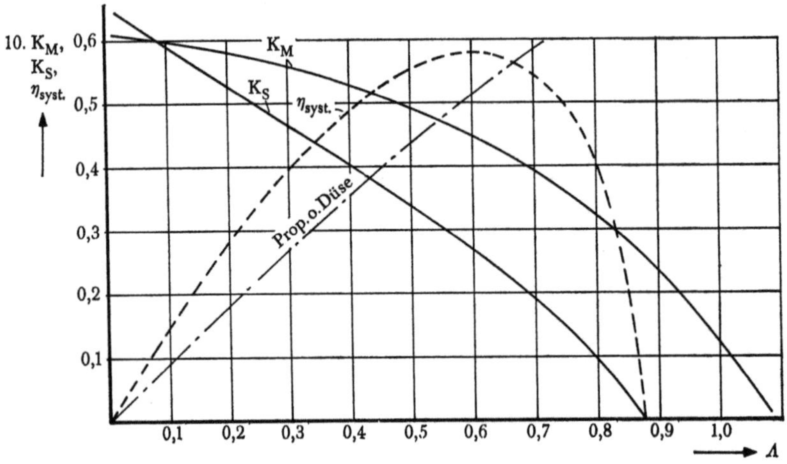

10. K_M, K_S, η_syst.
0,6
0,5
0,4
0,3
0,2
0,1
K_M
K_S
η_syst.
Prop.o.Düse
0,1
0,2
0,3
0,4
0,5
0,6
0,7
0,8
0,9
1,0
Λ

Abb. 6 Stellung 1, $\beta_R = 0°$

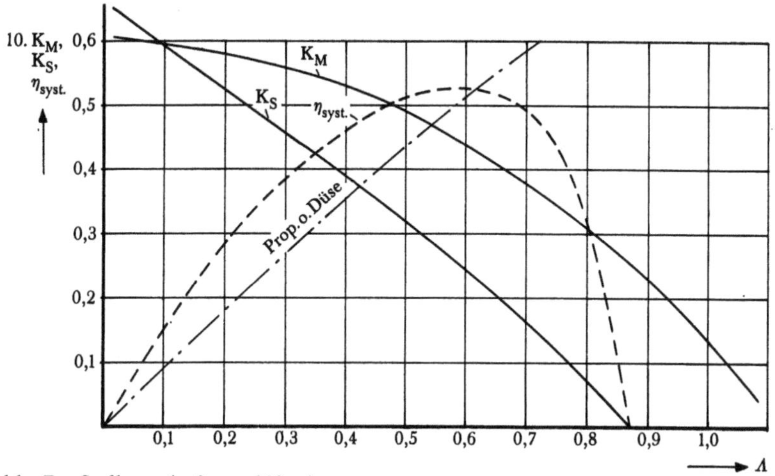
10. K_M, K_S, η_syst.
0,6
0,5
0,4
0,3
0,2
0,1
K_M
K_S
η_syst.
Prop.o.Düse
0,1 0,2 0,3 0,4 0,5 0,6 0,7 0,8 0,9 1,0
Λ

Abb. 7 Stellung 1, $\beta_R = 10°$ stb

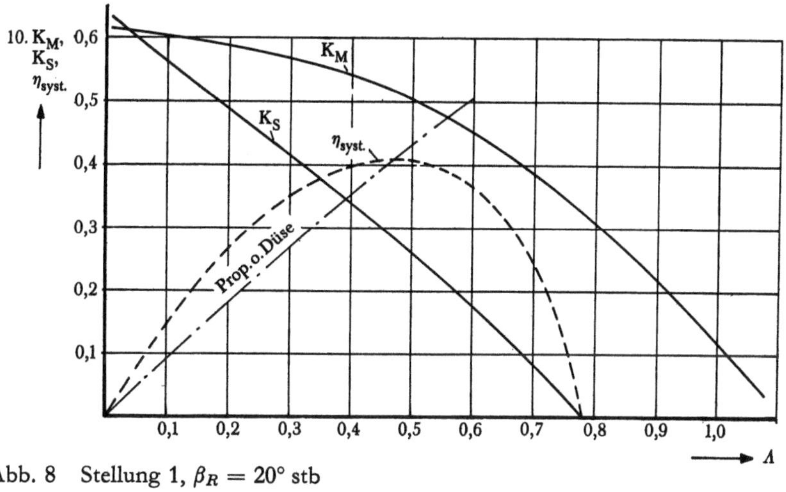
10. K_M, K_S, η_syst.
0,6
0,5
0,4
0,3
0,2
0,1
K_M
K_S
η_syst.
Prop.o.Düse
0,1 0,2 0,3 0,4 0,5 0,6 0,7 0,8 0,9 1,0
Λ

Abb. 8 Stellung 1, $\beta_R = 20°$ stb

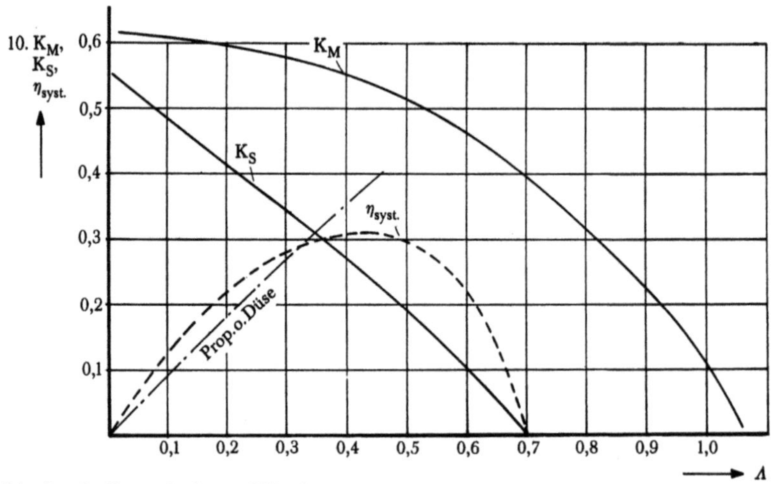

10. K_M, K_S, $\eta_{syst.}$
0,6
0,5
0,4
0,3
0,2
0,1
K_M
K_S
$\eta_{syst.}$
Prop.o.Düse
0,1
0,2
0,3
0,4
0,5
0,6
0,7
0,8
0,9
1,0
Λ

Abb. 9 Stellung 1, $\beta_R = 30°$ stb

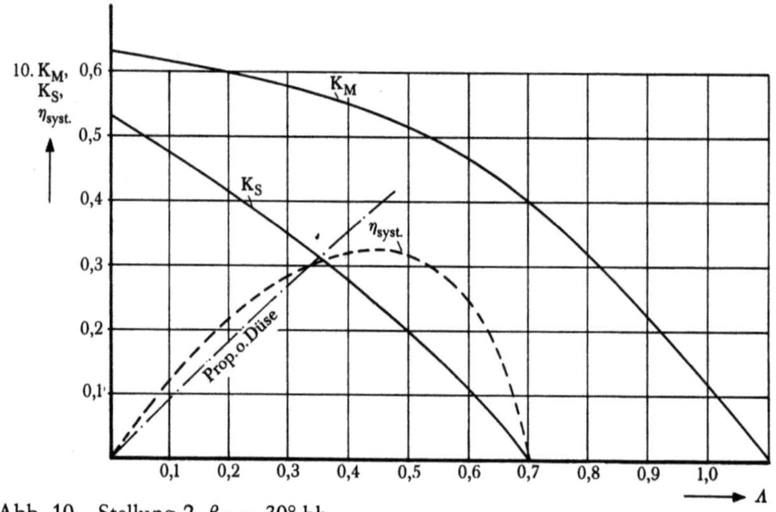

10. K_M, K_S, $\eta_{syst.}$
0,6
0,5
0,4
0,3
0,2
0,1
K_M
K_S
$\eta_{syst.}$
Prop.o.Düse
0,1
0,2
0,3
0,4
0,5
0,6
0,7
0,8
0,9
1,0
Λ

Abb. 10 Stellung 2, $\beta_R = 30°$ bb

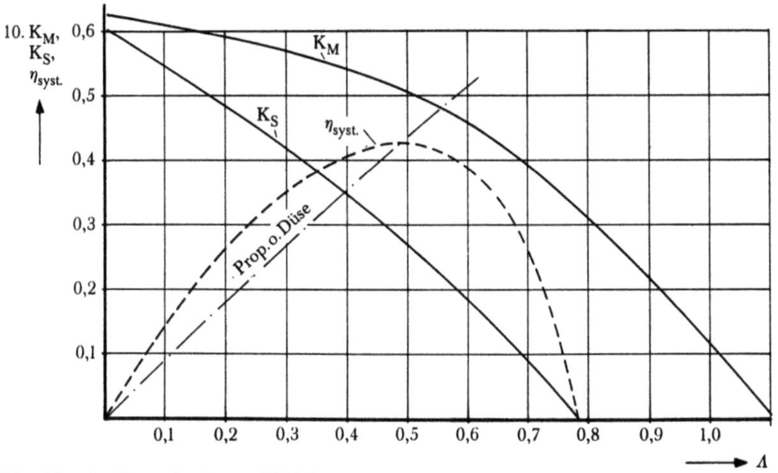
10. K_M, K_S, $\eta_{syst.}$
0,6
0,5
0,4
0,3
0,2
0,1
K_M
K_S
$\eta_{syst.}$
Prop.o.Düse
0,1 0,2 0,3 0,4 0,5 0,6 0,7 0,8 0,9 1,0
Λ

Abb. 11 Stellung 2, $\beta_R = 20°$ bb

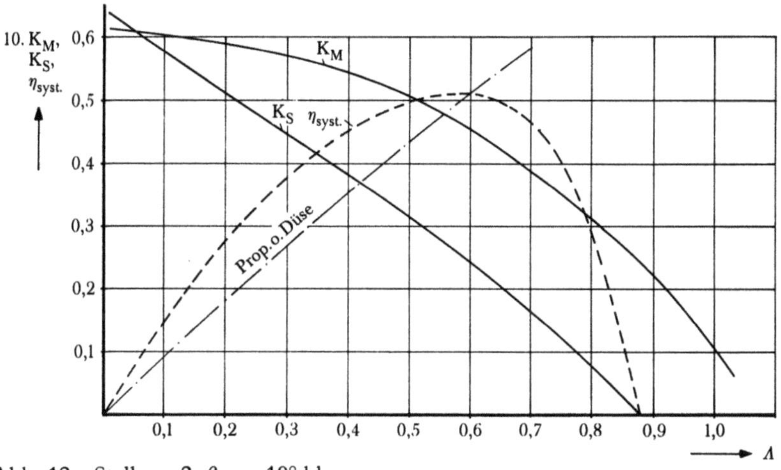
10. K_M, K_S, $\eta_{syst.}$
0,6
0,5
0,4
0,3
0,2
0,1
K_M
K_S
$\eta_{syst.}$
Prop.o.Düse
0,1 0,2 0,3 0,4 0,5 0,6 0,7 0,8 0,9 1,0
Λ

Abb. 12 Stellung 2, $\beta_R = 10°$ bb

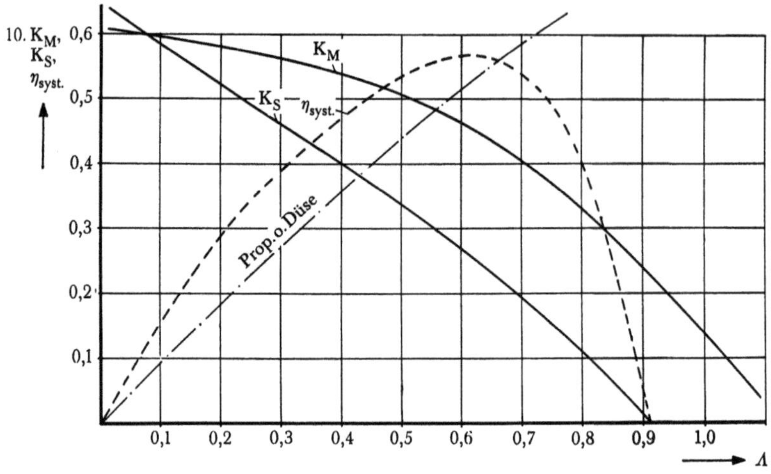
10. K_M, K_S, $\eta_{syst.}$
0,6
0,5
0,4
0,3
0,2
0,1
K_M
K_S
$\eta_{syst.}$
Prop.o.Düse
0,1 0,2 0,3 0,4 0,5 0,6 0,7 0,8 0,9 1,0
Λ

Abb. 13 Stellung 2, $\beta_R = 0°$

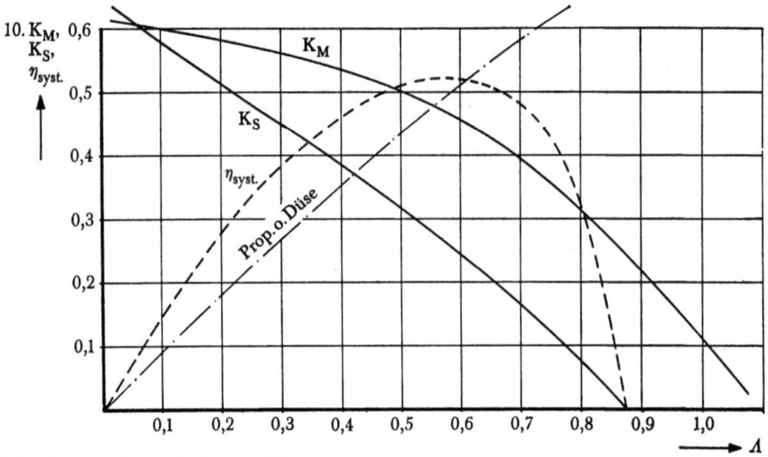
10. K_M, K_S, $\eta_{syst.}$
0,6
0,5
0,4
0,3
0,2
0,1
K_M
K_S
$\eta_{syst.}$
Prop.o.Düse
0,1 0,2 0,3 0,4 0,5 0,6 0,7 0,8 0,9 1,0
Λ

Abb. 14 Stellung 2, $\beta_R = 10°$ stb

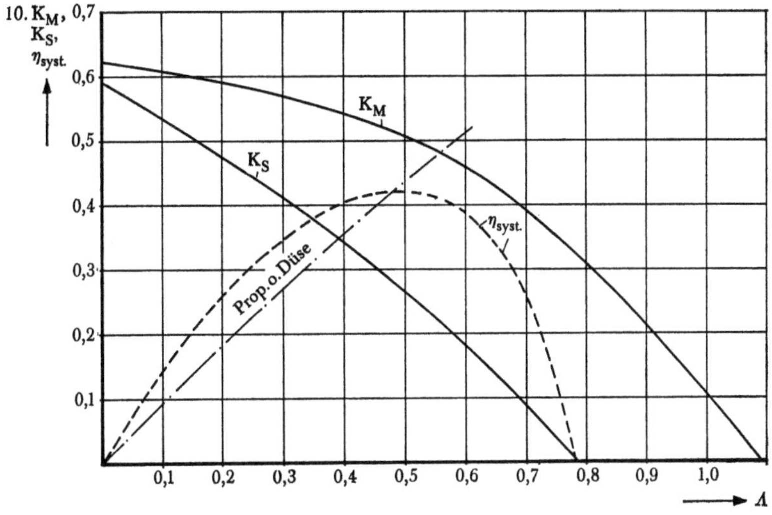
10. K_M, K_S, η_syst.
0,7
0,6
0,5
0,4
0,3
0,2
0,1
K_M
K_S
η_syst.
Prop. o. Düse
0,1 0,2 0,3 0,4 0,5 0,6 0,7 0,8 0,9 1,0
Λ

Abb. 15 Stellung 2, $\beta_R = 20°$ stb

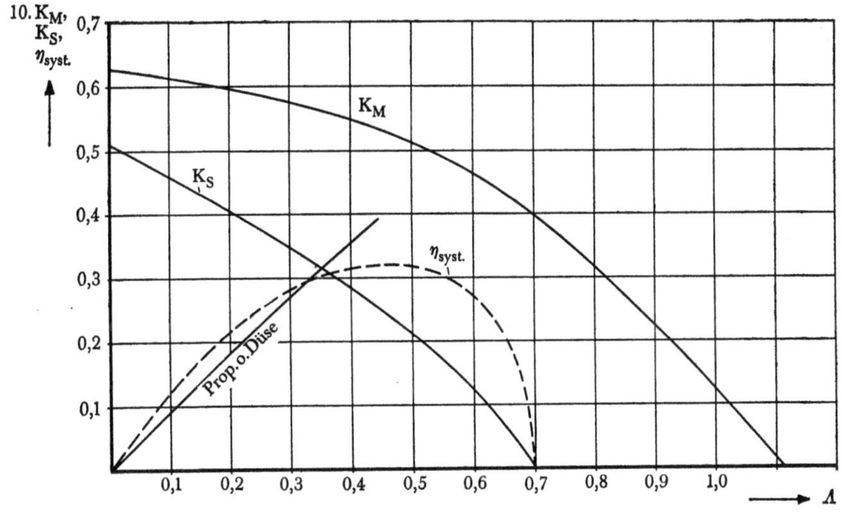
10. K_M, K_S, η_syst.
0,7
0,6
0,5
0,4
0,3
0,2
0,1
K_M
K_S
η_syst.
Prop. o. Düse
0,1 0,2 0,3 0,4 0,5 0,6 0,7 0,8 0,9 1,0
Λ

Abb. 16 Stellung 2, $\beta_R = 30°$ stb

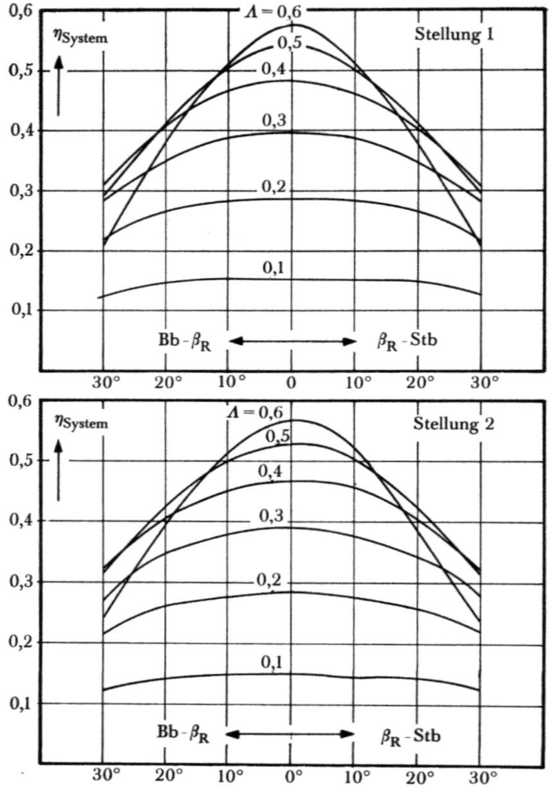

η_{System}
Stellung 1
Stellung 2
$\Lambda = 0,6$
0,5
0,4
0,3
0,2
0,1
Bb - β_R
β_R - Stb
30° 20° 10° 0 10° 20° 30°
0,6 0,5 0,4 0,3 0,2 0,1

Abb. 17 Wirkungsgradabfall infolge des Ausschlags der Sekundärdüse
Stellung 1
Stellung 2

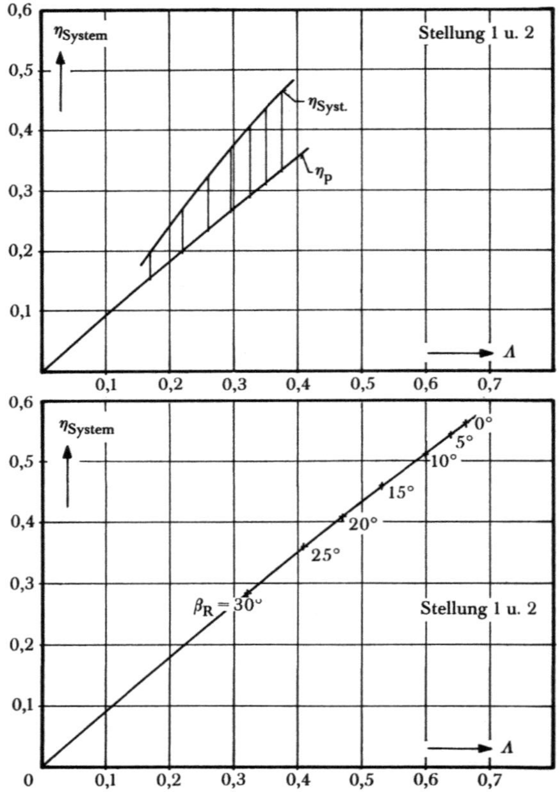

η_{System}
Stellung 1 u. 2
$\eta_{Syst.}$
η_p
Λ
$\beta_R = 30°$
25°
20°
15°
10°
5°
0°
0 0,1 0,2 0,3 0,4 0,5 0,6 0,7
0,6 0,5 0,4 0,3 0,2 0,1

Abb. 18 oben Maximale η-Verbesserung der Doppeldüse gegen freifahrenden Propeller

Abb. 18 unten Schnittpunkt der η-Kurven von Doppeldüse und freifahrenden Propeller bei verschiedenem β_R

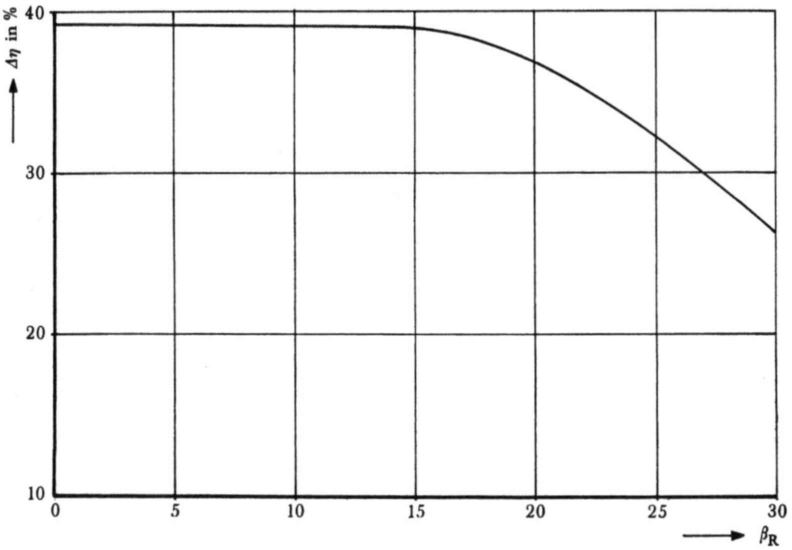
Δη in %
40
30
20
10
0
5
10
15
20
25
30
β_R

Abb. 19 Maximale η-Verbesserung der Ruderdüsen gegenüber freifahrendem Propeller bei verschiedenem β_R

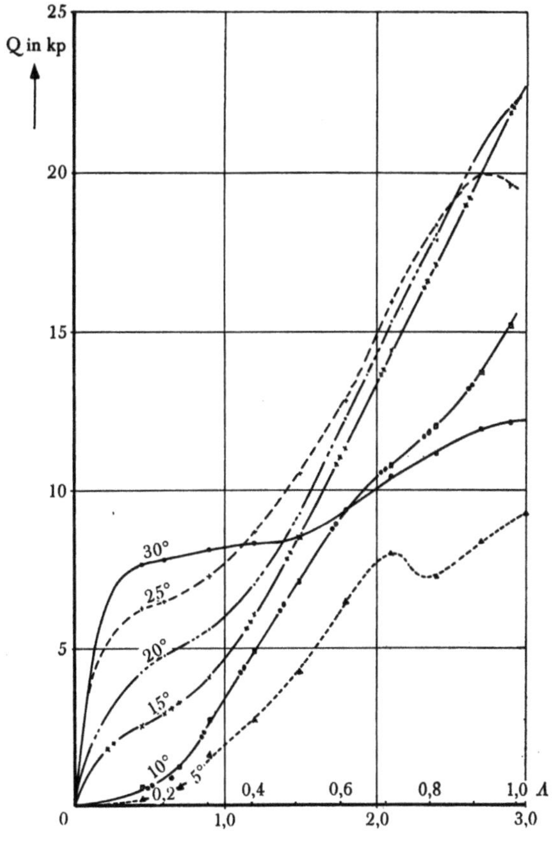
Q in kp
25
20
15
10
5
0
30°
25°
20°
15°
10°
5°
0,2
0,4
0,6
0,8
1,0 Λ
1,0
2,0
3,0

Abb. 20
Stellung 1
Sek.-Düse 49; Pr. D. 64
Querkraft
bb-Ruderlagen

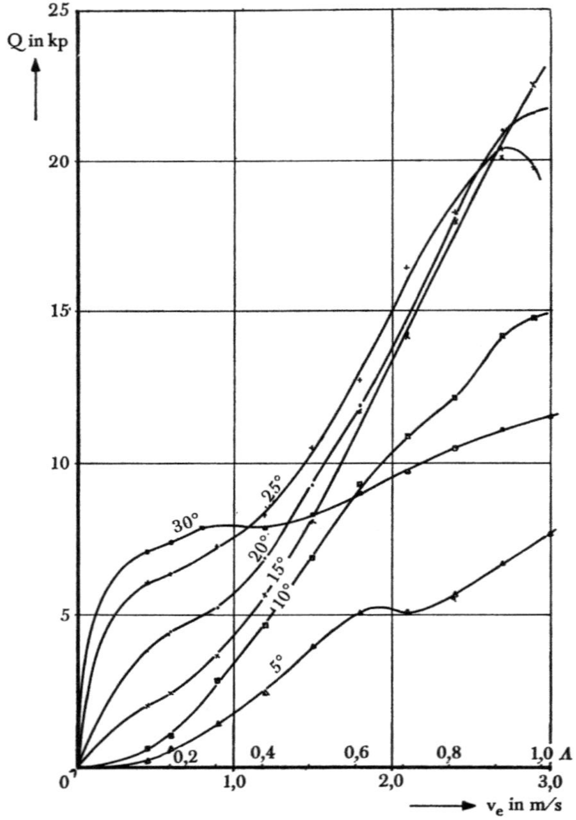
Q in kp
25
20
15
10
5
0
30°
25°
20°
15°
10°
5°
0,2
0,4
0,6
0,8
1,0 Λ
1,0
2,0
3,0
vₑ in m/s

Abb. 21 Stellung 1
Sek.-Düse 49; Pr. D. 64
Querkraft
stb-Ruderlagen

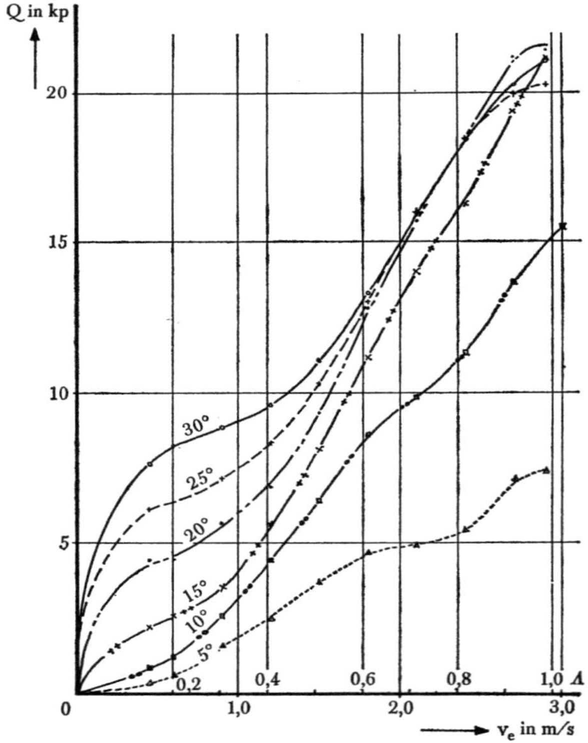
Q in kp
20
15
10
5
0
30°
25°
20°
15°
10°
5°
0,2
0,4
0,6
0,8
1,0 Λ
1,0
2,0
3,0
vₑ in m/s

Abb. 22 Stellung 2
Sek.-Düse 49; Pr. D. 64
Querkraft
bb-Ruderlagen

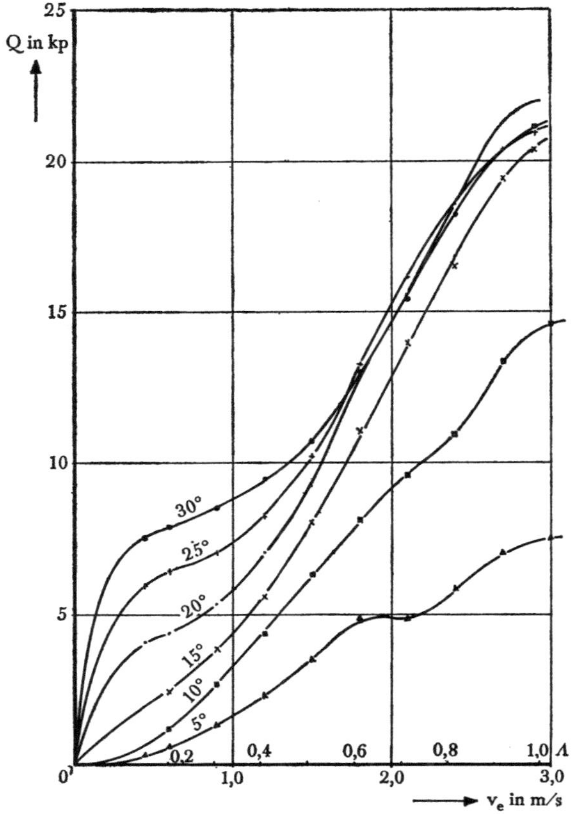

25
Q in kp
20
15
10
5
0
30°
25°
20°
15°
10°
5°
0,2
0,4
0,6
0,8
1,0 Λ
1,0
2,0
3,0
v_e in m/s

Abb. 23 Stellung 2
Sek.-Düse 49; Pr. D. 64
Querkraft
stb-Ruderlagen

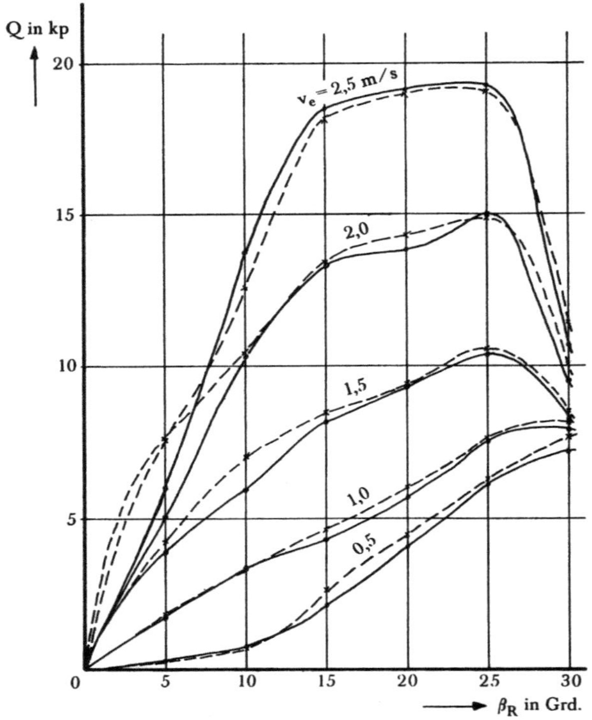

Q in kp
20
15
10
5
0
v_e = 2,5 m/s
2,0
1,5
1,0
0,5
5
10
15
20
25
30
β_R in Grd.

Abb. 24 Stellung 1
Düsen 64/49
Querkraft bb und stb

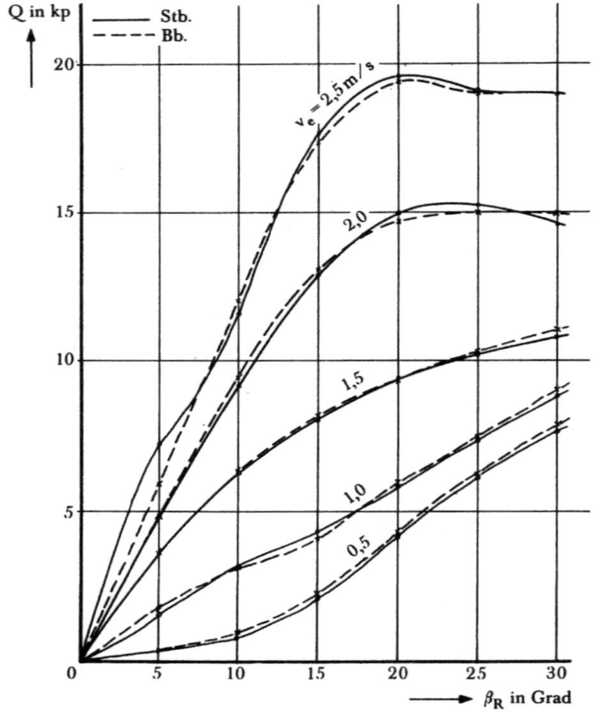

Q in kp
Stb.
Bb.
20
15
10
5
0
5
10
15
20
25
30
βR in Grad
ve = 2,5 m/s
2,0
1,5
1,0
0,5

Abb. 25 Stellung 2
Düsen 64/49
Querkraft bb und stb

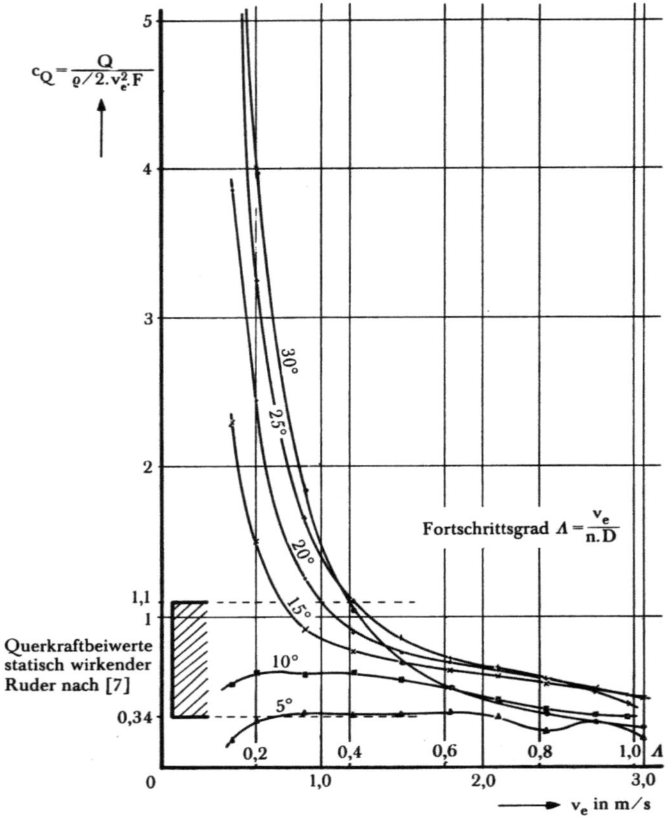

cQ = Q / ϱ/2.ve².F
5
4
3
2
1,1
1
0,34
0
Querkraftbeiwerte
statisch wirkender
Ruder nach [7]
Fortschrittsgrad Λ = ve / n.D
30°
25°
20°
15°
10°
5°
0,2
0,4
0,6
0,8
1,0 Λ
1,0
2,0
3,0
ve in m/s

Abb. 26 Stellung 1
Düsen 64/49
bb-Querkraft

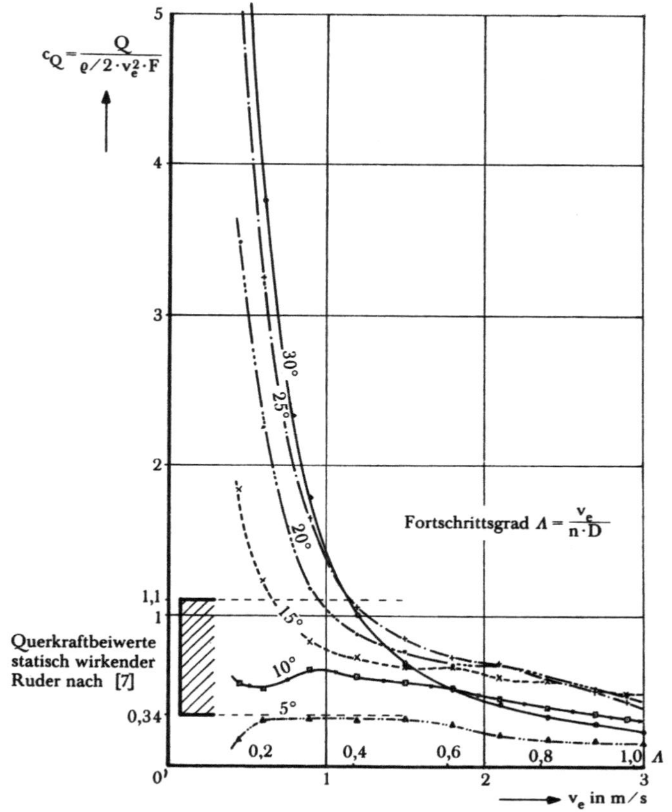
$c_Q = \frac{Q}{\varrho/2 \cdot v_e^2 \cdot F}$
5
4
3
2
1,1
1
0,34
0
30°
25°
20°
15°
10°
5°
Querkraftbeiwerte statisch wirkender Ruder nach [7]
Fortschrittsgrad $\Lambda = \frac{v_e}{n \cdot D}$
0,2
0,4
0,6
0,8
1,0 Λ
1
2
3
v_e in m/s

Abb. 27 Stellung 1
Düsen 64/49
stb-Querkraft

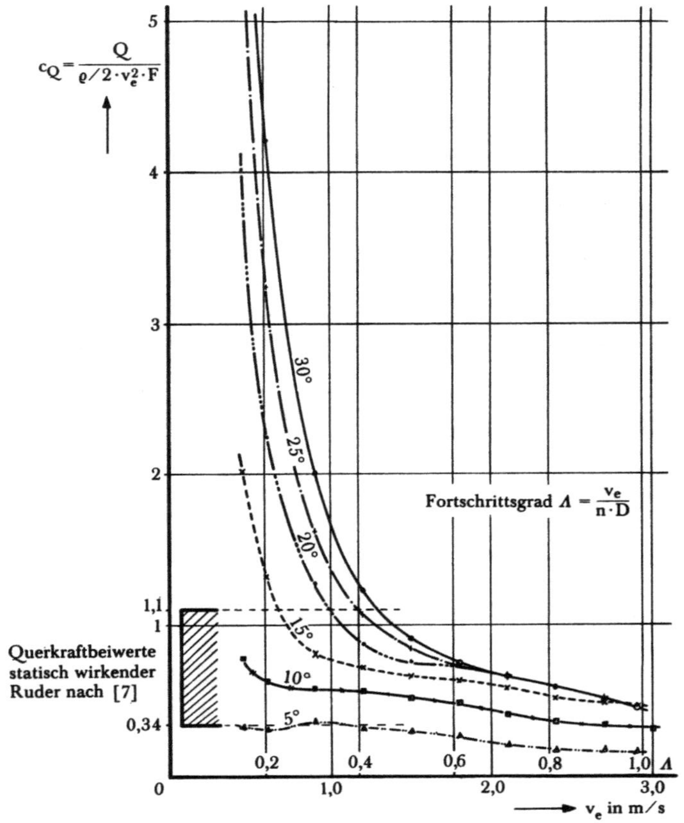
$c_Q = \frac{Q}{\varrho/2 \cdot v_e^2 \cdot F}$
5
4
3
2
1,1
1
0,34
0
30°
25°
20°
15°
10°
5°
Querkraftbeiwerte statisch wirkender Ruder nach [7]
Fortschrittsgrad $\Lambda = \frac{v_e}{n \cdot D}$
0,2
0,4
0,6
0,8
1,0 Λ
1,0
2,0
3,0
v_e in m/s

Abb. 28 Stellung 2
Sek.-Düse 49; Pr. D. 64
bb-Querkraft

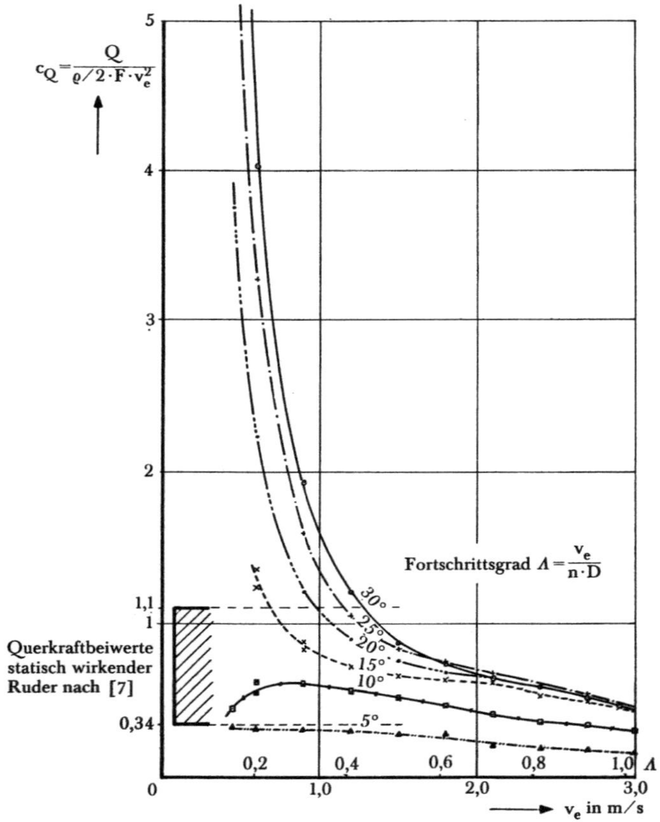
$c_Q = \frac{Q}{\varrho/2 \cdot F \cdot v_e^2}$
5
4
3
2
1,1
1
0,34
0
Querkraftbeiwerte statisch wirkender Ruder nach [7]
30°
25°
20°
15°
10°
5°
Fortschrittsgrad $\Lambda = \frac{v_e}{n \cdot D}$
0,2
0,4
0,6
0,8
1,0
Λ
1,0
2,0
3,0
v_e in m/s

Abb. 29 Stellung 2
Düsen 64/49
stb-Querkraft

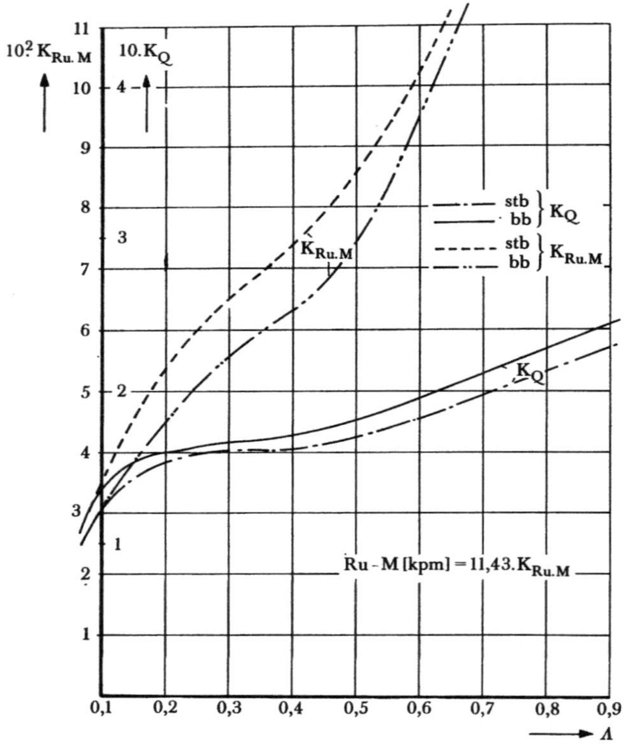
$10^2 \cdot K_{Ru.M}$
$10 \cdot K_Q$
11
10
9
8
7
6
5
4
3
2
1
4
3
2
1
stb
bb
K_Q
stb
bb
$K_{Ru.M}$
$K_{Ru.M}$
K_Q
Ru - M [kpm] = 11,43 $\cdot K_{Ru.M}$
0,1
0,2
0,3
0,4
0,5
0,6
0,7
0,8
0,9
Λ

Abb. 30 Stellung 1, $\beta_R = 30°$

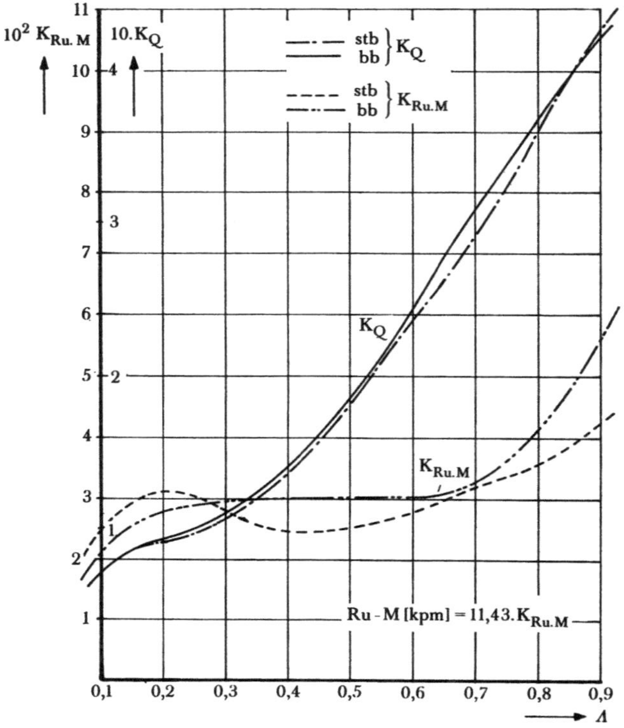

$10^2\, K_{Ru.M}$
$10 . K_Q$
stb } K_Q
bb
stb } $K_{Ru.M}$
bb
K_Q
$K_{Ru.M}$
Ru - M [kpm] = 11,43 . $K_{Ru.M}$
11
10
9
8
7
6
5
4
3
2
1
4
3
2
1
0,1
0,2
0,3
0,4
0,5
0,6
0,7
0,8
0,9
Λ

Abb. 31 Stellung 1, $\beta_R = 20°$

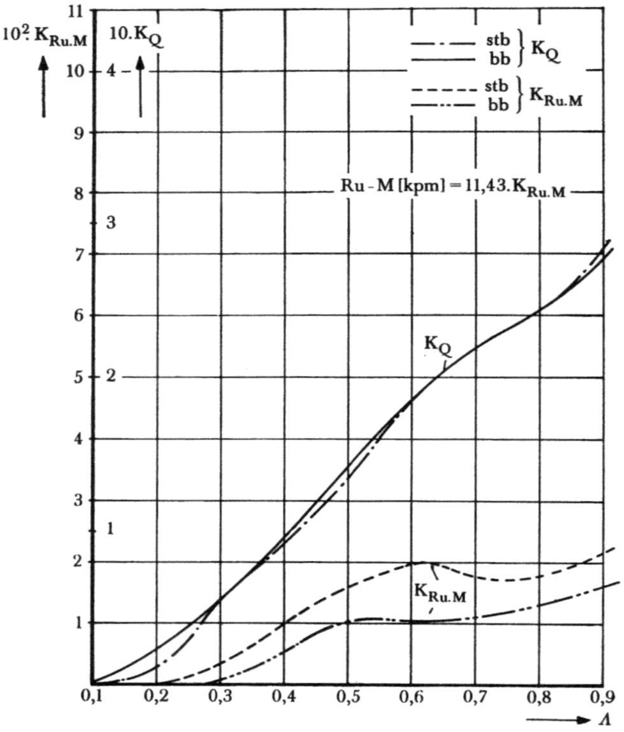

$10^2\, K_{Ru.M}$
$10 . K_Q$
stb } K_Q
bb
stb } $K_{Ru.M}$
bb
Ru - M [kpm] = 11,43 . $K_{Ru.M}$
K_Q
$K_{Ru.M}$
11
10
9
8
7
6
5
4
3
2
1
4
3
2
1
0,1
0,2
0,3
0,4
0,5
0,6
0,7
0,8
0,9
Λ

Abb. 32 Stellung 1, $\beta_R = 10°$

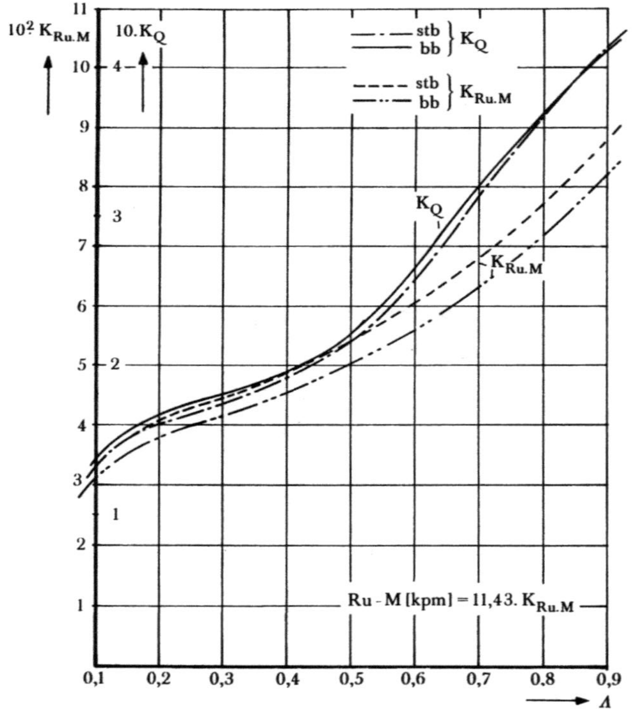

$10^2 \cdot K_{Ru.M}$
$10 \cdot K_Q$
stb, bb } K_Q
stb, bb } $K_{Ru.M}$
K_Q
$K_{Ru.M}$
Ru - M [kpm] = 11,43 . $K_{Ru.M}$
Λ

Abb. 33 Stellung 2, $\beta_R = 30°$

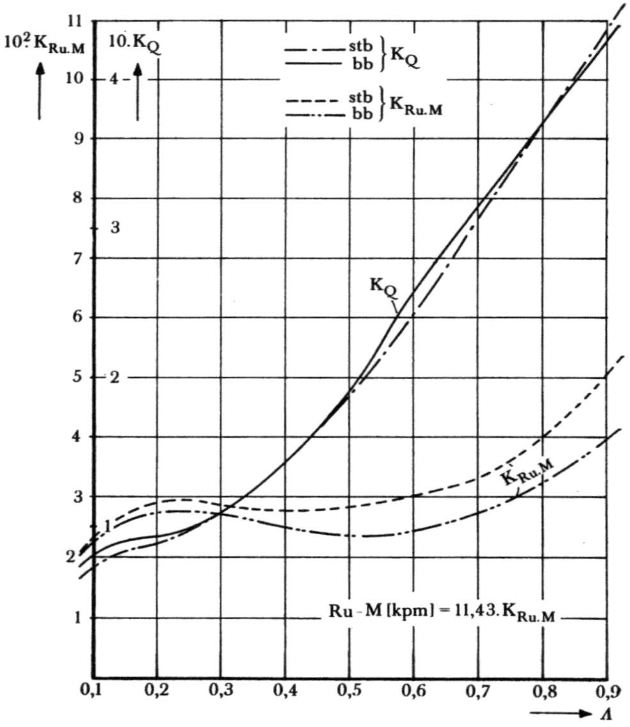

$10^2 \cdot K_{Ru.M}$
$10 \cdot K_Q$
stb, bb } K_Q
stb, bb } $K_{Ru.M}$
K_Q
$K_{Ru.M}$
Ru - M [kpm] = 11,43 . $K_{Ru.M}$
Λ

Abb. 34 Stellung 2, $\beta_R = 20°$

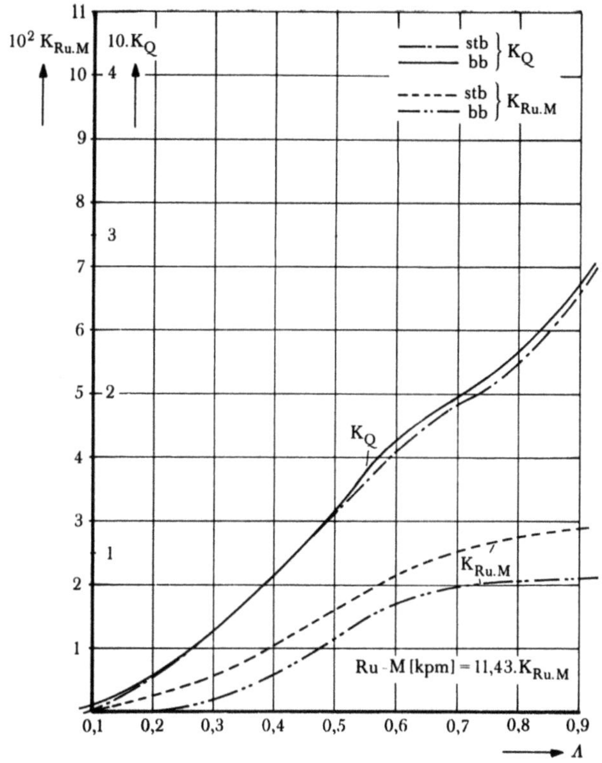

$10^2\,K_{Ru.M}$
$10.K_Q$
stb
bb
K_Q
stb
bb
$K_{Ru.M}$
K_Q
$K_{Ru.M}$
Ru-M [kpm] = 11,43.$K_{Ru.M}$
11
10
9
8
7
6
5
4
3
2
1
4
3
2
1
0,1
0,2
0,3
0,4
0,5
0,6
0,7
0,8
0,9
Λ

Abb. 35 Stellung 2, $\beta_R = 10°$

Tabellen

Freifahrt – Wirkungsgrad — Doppeldüse 64/49 — Stellung 1

v_e	Λ	$S_{Prop.}$	$S_{prim.}$*	$S_{sek.}$*	$S_{ges.}$	k_S	M	k_M	η
m/s	–	kp	kp	kp	kp	–	cm p	–	–
1. Anstellwinkel der Düse $\beta = 30°$ bb									
0,449	0,154	15,605	11,995	— 6,245	21,355	0,440	69 400	0,0607	0,1775
0,600	0,205	15,251	10,900	— 6,375	19,866	0,409	68 200	0,0597	0,225
0,899	0,3065	14,412	8,655	— 7,135	15,932	0,328	65 400	0,0572	0,2793
1,200	0,409	13,499	6,330	— 7,680	12,149	0,250	62 000	0,0542	0,30
1,500	0,5108	12,466	4,390	— 8,400	8,456	0,174	58 200	0,05045	0,280
1,802	0,613	10,833	3,850	— 10,290	4,393	0,0905	52 000	0,0455	0,1938
2,100	0,715	8,521	2,230	— 12,190	— 1,493	— 0,03075	44 300	0,0376	— 0,0929
2,405	0,8176	5,649	— 0,395	— 13,670	— 8,416	— 0,173	33 900	0,02965	— 0,758
2,700	0,920	3,057	— 1,895	— 14,370	— 13,208	— 0,272	23 500	0,02055	— 1,935
2,901	0,990	1,265	— 3,420	— 14,750	— 16,905	— 0,348	15 560	0,01362	— 4,025
2. Anstellwinkel der Düse $\beta = 25°$ bb									
0,450	0,154	15,325	12,075	— 3,745	23,655	0,487	68 500	0,0602	0,1980
0,604	0,209	15,007	10,920	— 3,825	22,102	0,455	67 200	0,0588	0,2570
0,900	0,3065	14,212	8,465	— 4,245	18,432	0,3795	64 800	0,0567	0,3265
1,200	0,409	13,399	6,240	— 4,93	14,709	0,303	61 400	0,0537	0,3670
1,500	0,5108	12,266	4,480	— 6,00	10,746	0,2212	57 400	0,0502	0,3580
1,803	0,614	10,673	2,910	— 7,24	6,343	0,1305	51 600	0,0451	0,2825
2,100	0,715	8,281	0,390	— 7,35	1,321	0,0272	43 600	0,03815	0,0811
2,404	0,818	5,529	— 1,975	— 7,76	— 4,206	— 0,0866	35 400	0,0308	— 0,325
2,702	0,920	2,717	— 3,965	— 7,99	— 9,238	— 0,190	22 500	0,01968	— 1,150
2,907	0,988	0,345	— 5,090	— 8,26	— 13,005	— 0,2678	14 880	0,01302	— 3,23

* Strebenwiderstand abgezogen

3. Anstellwinkel der Düse $\beta = 20°$ bb

0,45	0,154	16,805	12,175	— 1,915	27,065	0,557	68 850	0,0602	0,2265
0,601	0,205	14,707	10,040	— 1,795	22,952	0,4725	67 500	0,0590	0,261
0,90	0,3065	13,992	7,945	— 2,065	19,872	0,409	64 800	0,0567	0,3515
1,201	0,409	13,219	5,870	— 2,60	16,489	0,3395	62 000	0,0542	0,401
1,50	0,5108	12,126	4,480	— 4,07	12,536	0,2508	57 100	0,0500	0,4075
1,801	0,613	10,673	2,570	— 4,42	8,823	0,1815	52 600	0,0460	0,3845
2,100	0,715	8,381	0,190	— 4,96	3,611	0,0744	43 600	0,03815	0,224
2,401	0,8176	5,689	— 2,325	— 4,88	— 1,516	— 0,0312	33 600	0,0294	— 0,405
2,702	0,920	2,457	— 4,765	— 4,84	— 7,148	— 0,1512	21 470	0,01887	— 1,172
2,900	0,990	1,325	— 6,070	— 5,00	— 9,745	— 0,2005	14 850	0,0130	— 2,460

4. Anstellwinkel der Düse $\beta = 15°$ bb

0,450	0,154	15,005	11,815	— 0,615	26,205	0,540	67 500	0,0590	0,2240
0,599	0,204	14,687	10,360	— 0,795	24,252	0,4993	66 400	0,0581	0,2790
0,90	0,3065	14,012	8,195	— 1,115	21,082	0,434	63 700	0,0557	0,3795
1,203	0,410	13,179	6,050	— 1,75	17,479	0,360	60 600	0,0530	0,443
1,50	0,5108	12,066	4,300	— 2,48	13,886	0,286	56 800	0,0497	0,4675
1,80	0,613	10,513	2,730	— 3,19	10,053	0,207	50 800	0,0444	0,4545
2,10	0,715	8,341	0,390	— 3,64	5,091	0,1048	43 600	0,03815	0,3125
2,401	0,8176	5,569	— 2,505	— 2,20	0,864	0,0178	33 600	0,0294	0,0788
2,702	0,920	2,297	— 5,485	— 1,680	— 4,868	— 0,100	21 100	0,01846	— 0,7940
3,001	1,022	— 0,538	— 8,15	— 1,105	— 9,823	— 0,202	8 300	0,00726	— 4,52

5. Anstellwinkel der Düse $\beta = 10°$ bb

0,450	0,154	14,905	11,365	0,215	26,485	0,5455	68 200	0,0597	0,2360
0,60	0,205	14,587	10,040	0,125	24,752	0,510	67 200	0,0588	0,2830
0,901	0,3068	13,792	7,505	— 0,242	22,045	0,454	64 000	0,0560	0,3960
1,201	0,409	12,819	5,61	— 0,758	17,671	0,3640	60 300	0,0527	0,4495
1,501	0,511	11,626	3,91	— 1,221	14,315	0,2948	56 100	0,0491	0,4880
1,801	0,613	10,133	2,48	— 1,734	10,879	0,224	50 200	0,0439	0,4975
2,101	0,716	8,041	0,12	— 1,513	6,648	0,1368	43 000	0,0376	0,4160
2,40	0,8175	5,729	— 2,415	— 0,668	2,646	0,0545	33 500	0,0293	0,2955
2,70	0,919	2,857	— 4,855	— 0,241	— 2,239	— 0,0461	22 500	0,01968	— 0,1354
2,90	0,990	1,185	— 6,520	0,167	— 5,168	— 0,1064	14 900	0,01306	— 1,284

Freifahrt – Wirkungsgrad | Doppeldüse 64/49 | Stellung 1

v_e	Λ	$S_{Prop.}$	$S_{prim.}$*	$S_{sek.}$*	$S_{ges.}$	k_S	M	k_M	η
m/s	–	kp	kp	kp	kp	–	cm p	–	–
6. Anstellwinkel der Düse $\beta = 5°$ bb									
0,45	0,154	14,905	12,365	0,215	27,485	0,566	67 400	0,0589	0,1528
0,601	0,206	14,607	10,900	0,175	25,682	0,529	66 500	0,0582	0,2975
0,902	0,3070	13,812	8,465	— 0,055	22,222	0,4578	63 700	0,0557	0,401
1,20	0,409	13,019	6,330	— 0,400	18,949	0,390	60 200	0,0527	0,481
1,50	0,5108	11,846	4,390	— 0,84	15,396	0,317	56 000	0,049	0,533
1,802	0,614	10,353	2,910	— 1,22	12,043	0,248	50 500	0,0442	0,548
2,101	0,716	8,441	2,410	— 0,900	9,951	0,205	43 400	0,03795	0,615
2,401	0,8176	5,929	— 2,255	— 0,34	3,334	0,0686	34 300	0,0300	0,297
2,702	0,920	3,257	— 4,835	0,33	— 1,248	— 0,0257	24 900	0,0218	— 0,1725
3,0	1,022	0,142	— 8,020	1,35	— 6,528	— 0,1345	11 800	0,01032	— 2,14
7. Anstellwinkel der Düse $\beta = 0°$									
0,45	0,154	14,805	11,985	0,315	27,105	0,558	67 400	0,0589	0,232
0,60	0,205	14,607	10,54	0,175	25,322	0,5215	66 000	0,0577	0,295
0,90	0,3065	13,812	8,565	0,045	22,422	0,4615	63 300	0,0554	0,406
1,20	0,409	13,019	6,43	— 0,21	19,239	0,396	60 600	0,0530	0,486
1,50	0,5108	11,846	4,57	— 0,36	16,056	0,3308	56 400	0,04935	0,5445
1,80	0,613	10,393	3,10	— 0,59	12,903	0,2658	50 800	0,0444	0,583
2,10	0,715	8,481	0,574	— 0,755	8,300	0,1708	44 300	0,03875	0,501
2,40	0,8175	6,129	— 2,235	— 0,047	3,847	0,07915	34 950	0,03055	0,337
2,70	0,919	3,577	— 4,835	0,63	— 0,628	— 0,01293	25 600	0,0224	— 0,0843
3,0	1,022	0,382	— 8,11	1,45	— 6,278	— 0,1293	12 800	0,0112	— 1,876

* Strebenwiderstand abgezogen

8. Anstellwinkel der Düse $\beta = 5°$ stb

0,450	0,154	14,985	11,995	0,215	27,195	0,5803	67 800	0,0593	0,2495
0,602	0,207	14,587	10,52	0,135	25,242	0,520	66 400	0,0581	0,2945
0,90	0,3065	13,832	8,385	— 1,45	20,767	0,4375	63 700	0,0557	0,3825
1,199	0,4082	13,019	6,42	— 0,26	19,179	0,395	60 900	0,0541	0,474
1,50	0,5108	11,826	4,57	— 0,75	15,646	0,324	56 400	0,04935	0,533
1,80	0,613	10,273	2,91	— 1,07	12,113	0,2493	50 900	0,0445	0,546
2,101	0,716	8,321	0,57	— 0,75	8,141	0,1673	43 600	0,03815	0,4945
2,401	0,8176	5,649	— 2,415	— 0,38	2,854	0,0588	34 600	0,03026	0,2525
2,70	0,919	3,557	— 5,205	0,63	— 1,018	— 0,02098	24 900	0,0218	— 0,1405
3,001	1,022	0,265	— 8,16	1,313	— 6,582	— 0,1353	11 800	0,01033	— 2,125

9. Anstellwinkel der Düse $\beta = 10°$ stb

0,45	0,154	14,985	11,995	0,115	27,095	0,558	67 800	0,0593	0,230
0,599	0,204	14,627	10,72	0,025	25,372	0,522	66 800	0,0584	0,290
0,90	0,3065	13,812	8,195	— 0,245	21,762	0,448	63 700	0,0557	0,392
1,199	0,4082	12,939	6,06	— 0,88	18,119	0,373	60 200	0,05265	0,460
1,50	0,5108	11,826	4,21	— 1,33	14,706	0,303	56 400	0,04935	0,499
1,801	0,613	10,313	3,27	— 1,84	11,743	0,2418	50 900	0,0445	0,539
2,10	0,715	8,241	0,480	— 2,01	7,761	0,1598	43 200	0,0377	0,484
2,403	0,818	5,569	— 2,235	— 0,96	2,374	0,0489	33 200	0,02905	0,219
2,70	0,919	2,937	— 5,025	— 0,34	— 2,428	— 0,050	23 200	0,0203	— 0,360
2,902	0,990	1,302	— 6,64	— 0,12	— 5,458	— 0,1123	14 880	0,01302	— 1,358

10. Anstellwinkel der Düse $\beta = 15°$ stb

0,45	0,154	15,025	11,995	— 0,275	26,745	0,551	68 500	0,0599	0,2255
0,601	0,206	14,727	10,54	— 0,555	24,712	0,5095	67 500	0,0590	0,283
0,90	0,3065	14,012	8,195	— 1,015	21,192	0,4343	64 500	0,0564	0,375
1,20	0,409	13,219	6,02	— 1,460	17,779	0,366	61 300	0,0536	0,444
1,501	0,511	11,946	4,11	— 2,38	13,676	0,2815	57 500	0,0503	0,455
1,804	0,615	10,513	2,55	— 3,29	9,773	0,201	52 000	0,0455	0,432
2,103	0,717	8,201	0,21	— 3,55	4,861	0,1001	43 600	0,03814	0,417
2,403	0,818	5,449	— 2,955	— 2,20	0,294	0,06056	31 900	0,0279	0,345
2,702	0,920	2,297	— 5,215	— 1,87	— 4,788	— 0,0986	21 100	0,01846	— 0,781
2,901	0,990	0,705	— 6,87	— 1,75	— 7,915	— 0,163			

Freifahrt – Wirkungsgrad | Doppeldüse 64/49 | Stellung 1

v_e	Λ	$S_{Prop.}$	$S_{prim.}$*	$S_{sek.}$*	$S_{ges.}$	k_S	M	k_M	η
m/s	–	kp	kp	kp	kp	–	cm p	–	–
				11. Anstellwinkel der Düse $\beta = 20°$ stb					
0,450	0,154	15,805	11,335	— 1,335	25,805	0,5318	68 500	0,0599	0,2175
0,60	0,2053	14,687	9,82	— 1,715	22,792	0,469	67 500	0,0590	0,2595
0,902	0,3070	14,052	8,365	— 2,075	20,312	0,419	64 800	0,0567	0,361
1,20	0,409	13,299	5,77	— 3,01	16,059	0,3308	61 600	0,0539	0,399
1,501	0,511	12,146	4,100	— 3,93	12,316	0,2535	57 700	0,0505	0,408
1,801	0,613	10,713	2,54	— 5,02	8,233	0,1694	52 600	0,0460	0,359
2,10	0,715	8,361	0,574	— 5,33	3,605	0,07425	43 800	0,0386	0,2155
2,40	0,8175	5,449	— 2,375	— 5,07	— 1,996	— 0,0411	32 500	0,0284	— 0,230
2,703	0,920	2,477	— 4,675	— 5,22	— 7,418	— 0,1527	21 500	0,0188	— 1,187
2,903	0,990	1,005	— 5,980	— 5,20	— 10,175	— 0,2095	14 900	0,01304	— 2,56
				12. Anstellwinkel der Düse $\beta = 25°$ stb					
0,449	0,153	15,285	11,635	— 3,175	23,745	0,4890	68 800	0,0602	0,1976
0,599	0,204	15,007	7,610	— 3,355	19,262	0,3967	67 800	0,05935	0,2167
0,90	0,3065	14,212	8,205	— 3,815	18,602	0,3832	64 600	0,05655	0,3255
1,201	0,409	13,419	5,520	— 4,66	14,279	0,2940	62 200	0,05445	0,3458
1,502	0,511	12,226	4,11	— 5,780	10,556	0,2173	57 800	0,0506	0,354
1,799	0,6125	10,833	2,74	— 6,870	5,703	0,1174	52 600	0,0461	0,248
2,101	0,716	8,241	0,39	— 7,35	1,25	0,02573	43 700	0,03860	0,04775
2,40	0,8175	5,689	— 0,855	— 7,76	— 2,926	— 0,06025	34 000	0,02950	— 0,2653
2,702	0,920	2,657	— 2,035	— 8,58	— 7,958	— 0,1640	22 200	0,01934	— 1,240
2,901	0,988	1,083	— 2,720	— 8,965	— 10,602	— 0,2183	14 900	0,01304	— 2,130

* Strebenwiderstand abgezogen

13. Anstellwinkel der Düse $\beta = 30°$ stb

0,449	0,153	15,605	11,975	— 5,285	22,295	0,4587	69 400	0,0607	0,1843
0,60	0,2053	15,207	10,560	— 5,835	19,932	0,4103	68 200	0,05965	0,2245
0,901	0,3068	13,852	0,105	0,045	14,002	0,2882	64 700	0,0566	0,2485
0,901	0,3068	14,212	8,735	— 6,595	16,352	0,3367	65 800	0,05755	0,2855
1,199	0,4082	13,599	6,23	— 7,160	12,669	0,2608	62 500	0,0547	0,309
1,50	0,5108	12,406	4,85	— 8,310	8,946	0,1841	58 200	0,0509	0,2935
1,797	0,6115	10,873	3,65	— 9,920	4,603	0,0953	53 000	0,0467	0,1985
2,1	0,715	8,641	1,675	— 11,350	— 1,034	— 0,02128	44 300	0,03875	— 0,0624
2,4	0,8175	5,649	— 0,023	— 13,210	— 7,584	— 0,1561	33 400	0,02973	— 0,681
2,7	0,919	3,457	— 2,075	— 14,270	— 12,888	— 0,2655	23 540	0,0206	— 1,883
3,0	1,022	0,065	— 4,190	— 14,585	— 18,710	— 0,3850	11 770	0,01029	— 6,075

Freifahrt – Wirkungsgrad | Doppeldüse 64/49 | Stellung 2

v_e	Λ	$S_{Prop.}$	$S_{prim.}$*	$S_{sek.}$*	$S_{ges.}$	k_S	M	k_M	η
m/s	–	kp	kp	kp	kp	–	cm p	–	–
1. Anstellwinkel der Düse $\beta = 30°$ bb									
0,45	0,154	15,585	11,63	— 5,445	21,770	0,4480	69 550	0,0609	0,1802
0,60	0,2053	15,207	10,405	— 5,815	19,797	0,4075	68 550	0,0600	0,2218
0,90	0,3065	14,412	8,07	— 6,245	16,237	0,3343	65 700	0,0575	0,2835
1,20	0,4085	13,619	6,09	— 6,575	13,134	0,2702	62 600	0,0548	0,3203
1,50	0,5108	12,406	4,31	— 7,48	9,236	0,1902	58 450	0,05115	0,3020
1,80	0,612	11,933	2,91	— 8,55	6,293	0,1296	52 600	0,04605	0,2738
2,101	0,717	8,701	0,18	— 9,97	— 1,089	— 0,0224	44 300	0,03876	— 0,0659
2,40	0,818	5,969	— 1,10	— 11,02	— 6,151	— 0,1266	34 100	0,02983	— 0,5518
2,703	0,921	3,117	— 2,99	— 11,64	— 11,513	— 0,2370	23 180	0,02028	— 1,712
2,902	0,989	1,263	— 4,04	— 11,89	— 14,667	— 0,3020	14 540	0,01272	— 3,732
2,90	0,988	1,203	— 4,31	— 11,89	— 14,997	— 0,3085	14 540	0,01272	— 3,820
2. Anstellwinkel der Düse $\beta = 25°$ bb									
0,45	0,154	15,225	11,37	— 3,435	23,160	0,4770	69 200	0,06055	0,1940
0,602	0,207	15,007	10,145	— 3,505	21,647	0,4460	67 800	0,05935	0,2473
0,90	0,3065	14,332	8,07	— 3,945	18,457	0,3800	65 350	0,0572	0,3239
1,201	0,409	13,399	6,00	— 4,275	15,124	0,3115	62 600	0,0548	0,3696
1,50	0,5108	12,266	4,22	— 5,18	11,306	0,2330	58 450	0,05115	0,370
1,80	0,612	10,593	2,56	— 6,49	6,663	0,1372	52 600	0,04605	0,2899
2,102	0,716	8,281	0,27	— 7,40	1,151	0,0237	43 900	0,03845	0,07015
2,402	0,818	5,629	— 1,81	— 7,95	— 4,131	— 0,0851	33 900	0,02968	— 0,373
2,699	0,919	2,697	— 3,71	— 7,99	— 9,003	— 0,1854	23 870	0,02088	— 1,297
2,90	0,990	1,183	— 4,75	— 8,45	— 12,017	— 0,2472	16 620	0,01455	— 2,674
2,90	0,990	1,383	— 4,58	— 8,83	— 12,027	— 0,2477	16 620	0,01455	— 2,679

* Strebenwiderstand abgezogen

3. Anstellwinkel der Düse $\beta = 20°$ bb

0,450	0,154	14,205	11,63	— 1,705	24,130	0,4970	68 850	0,06025	0,202
0,601	0,206	14,887	10,405	— 1,685	23,607	0,4800	67 450	0,0590	0,2667
0,90	0,3065	14,092	7,98	— 2,225	19,847	0,4175	64 700	0,0566	0,3595
1,20	0,4085	13,219	5,91	— 2,655	16,474	0,3390	61 600	0,0539	0,4085
1,50	0,5108	12,146	4,22	— 3,46	12,906	0,2508	57 450	0,05025	0,4052
1,802	0,614	10,593	2,56	— 4,34	8,813	0,1817	51 900	0,0454	0,3908
2,101	0,716	8,001	0,36	— 5,00	3,361	0,0692	43 600	0,03815	0,2063
2,40	0,818	5,649	— 2,17	— 5,17	— 1,691	— 0,03481	33 550	0,02935	— 0,1543
2,702	0,920	2,757	— 3,97	— 5,22	— 6,433	— 0,1323	22 480	0,01968	— 0,983
2,901	0,988	0,863	— 5,46	— 5,38	— 9,977	— 0,2052	14 530	0,01271	— 2,536

4. Anstellwinkel der Düse $\beta = 15°$ bb

0,450	0,154	15,085	11,45	— 0,655	25,880	0,5330	69 200	0,06055	0,2162
0,60	0,2053	14,847	9,965	— 0,735	24,077	0,4955	67 800	0,05935	0,2755
0,901	0,3065	14,012	7,89	— 0,975	20,927	0,4310	65 350	0,0572	0,3672
1,20	0,4085	13,099	5,82	— 1,505	17,414	0,3586	61 950	0,0542	0,4296
1,50	0,5108	12,026	4,13	— 2,12	14,036	0,2890	57 750	0,05055	0,4593
1,801	0,613	10,433	2,56	— 2,80	10,193	0,2096	52 200	0,0457	0,4470
2,10	0,715	8,321	0,36	— 2,99	5,691	0,1172	43 900	0,03845	0,3464
2,401	0,818	5,789	— 1,99	— 2,58	1,219	0,02103	33 900	0,02968	0,0922
2,698	0,918	2,797	— 4,24	— 2,24	— 3,683	— 0,0758	23 520	0,0206	— 0,537
2,9	0,990	1,003	— 6,36	— 2,12	— 7,477	— 0,1539	15 920	0,01394	— 1,612

5. Anstellwinkel der Düse $\beta = 10°$ bb

0,450	0,154	15,005	11,27	0,015	26,290	0,5410	68 250	0,05975	0,222
0,60	0,2053	14,707	10,045	— 0,065	24,687	0,5080	67 450	0,0590	0,2813
0,90	0,3065	13,992	7,89	— 0,305	21,577	0,4440	64 650	0,0566	0,3823
1,20	0,4085	13,059	5,91	— 0,835	18,134	0,3732	61 600	0,0539	0,4495
1,501	0,511	11,986	4,22	— 1,26	14,946	0,3076	57 400	0,0502	0,4975
1,80	0,612	10,593	2,74	— 1,85	11,483	0,2364	51 850	0,04504	0,511
2,10	0,715	8,421	0,54	— 1,74	7,221	0,1484	43 900	0,0384	0,449
2,402	0,818	5,729	— 2,08	— 1,05	2,599	0,0535	33 850	0,0297	0,2342
2,701	0,920	3,097	— 4,32	— 0,52	— 1,743	— 0,0359	23 470	0,02055	— 0,0255
3,001	1,022	— 0,415	— 6,74	— 0,06	— 7,215	— 0,1485	11 360	0,00995	— 0,2427

Freifahrt – Wirkungsgrad | Doppeldüse 64/49 | Stellung 2

v_e	Λ	$S_{Prop.}$	$S_{prim.}$*	$S_{sek.}$*	$S_{ges.}$	k_S	M	k_M	η
m/s	–	kp	kp	kp	kp	–	cm p	–	–
6. Anstellwinkel der Düse $\beta = 5°$ bb									
0,450	0,154	14,905	10,37	0,215	25,490	0,5245	68 050	0,05955	0,2157
0,60	0,2053	14,607	10,145	0,135	24,887	0,5120	67 000	0,0586	0,2853
0,90	0,3065	13,992	7,89	— 0,115	21,767	0,4480	64 250	0,0562	0,3887
1,20	0,4085	13,219	5,91	— 0,445	18,684	0,3846	61 500	0,0538	0,464
1,501	0,511	12,126	4,31	— 0,78	15,656	0,3225	57 650	0,05045	0,517
1,801	0,613	10,733	2,92	— 0,99	12,663	0,2610	52 450	0,0459	0,554
2,10	0,715	8,721	0,54	— 0,79	8,471	0,1744	45 200	0,03945	0,503
2,40	0,8175	6,289	— 1,72	— 0,29	4,279	0,08815	35 500	0,03108	0,3693
2,701	0,920	3,377	— 4,33	0,25	— 0,703	— 0,01447	24 430	0,0214	— 0,0989
2,902	0,989	1,663	— 5,82	0,75	— 3,407	— 0,0707	16 460	0,01441	— 0,772
7. Anstellwinkel der Düse $\beta = 0°$									
0,450	0,154	15,045	11,45	0,115	26,610	0,5480	67 450	0,0590	0,2275
0,60	0,2053	14,547	10,235	0,235	25,017	0,5280	66 400	0,0581	0,2970
0,90	0,3065	13,932	7,98	0,075	21,987	0,4525	64 000	0,0560	0,3940
1,20	0,4085	13,239	5,91	— 0,255	18,894	0,3890	61 250	0,0536	0,4715
1,501	0,511	12,166	4,40	— 0,49	16,076	0,3310	57 400	0,05025	0,5350
1,801	0,613	10,733	3,09	— 0,79	13,033	0,2685	52 250	0,0457	0,5725
2,100	0,715	8,741	0,81	— 0,60	8,951	0,1843	45 300	0,03963	0,5285
2,400	0,818	6,329	— 1,82	— 0,38	4,129	0,0850	36 350	0,0318	0,3478
2,700	0,920	3,537	— 4,15	0,25	— 0,363	— 0,00747	25 600	0,0224	— 0,0488
2,898	0,988	1,783	— 6,00	0,75	— 3,467	— 0,0714	19 040	0,01665	— 0,6735
3,00	1,021	0,385	— 6,74	1,10	— 5,255	— 0,1082	12 450	0,0109	— 1,610
1,001	0,3408	13,794	7,146	— 0,20	20,740	0,427	63 000	0,0551	0,420

* Strebenwiderstand abgezogen

8. Anstellwinkel der Düse $\beta = 5°$ stb

0,450	0,154	14,905	11,28	0,015	26,200	0,5390	67 150	0,05875	0,2246
0,599	0,204	14,607	10,405	0,035	25,047	0,5155	66 100	0,05785	0,2892
0,900	0,3065	14,012	7,98	— 0,305	21,687	0,4460	63 700	0,05575	0,3898
1,201	0,409	13,219	6,00	— 0,445	18,774	0,3863	61 250	0,05360	0,469
1,500	0,5108	12,106	4,31	— 0,78	15,636	0,3220	57 100	0,04995	0,523
1,801	0,613	10,693	2,92	— 1,08	12,533	0,2580	51 900	0,04504	0,558
2,102	0,716	8,661	0,81	— 0,98	8,491	0,1747	44 300	0,03875	0,513
2,400	0,8175	6,009	— 0,03	— 2,20	3,779	0,0778	34 950	0,03058	0,3308
2,700	0,919	3,457	— 4,15	0,06	— 0,753	— 0,0155	25 250	0,02210	— 0,09942
3,002	1,023	0,225	— 6,92	0,61	— 7,305	— 0,1504	12 110	0,01060	— 2,31

9. Anstellwinkel der Düse $\beta = 10°$ stb

0,45	0,154	14,905	11,55	0,015	26,465	0,5443	67 500	0,0591	0,2255
0,60	0,2053	14,627	10,235	— 0,155	24,707	0,509	66 400	0,0581	0,286
0,60	0,2053	14,667	10,235	0,035	24,937	0,513	66 400	0,0581	0,2885
0,90	0,3065	13,912	7,98	— 0,305	21,587	0,444	63 700	0,05575	0,3885
1,201	0,409	12,979	5,73	— 0,835	17,867	0,368	60 550	0,0530	0,4515
1,50	0,5108	11,926	4,31	— 1,16	15,076	0,3102	56 750	0,04965	0,508
1,80	0,612	10,593	2,92	— 1,75	11,763	0,242	51 900	0,04504	0,523
2,10	0,715	8,381	0,54	— 1,65	7,271	0,1496	43 950	0,03845	0,4395
2,401	0,818	5,689	— 1,99	— 1,05	2,649	0,0545	33 900	0,02968	0,292
2,70	0,919	2,997	— 4,24	— 0,42	— 1,663	— 0,03423	23 530	0,02060	— 0,2645
3,001	1,022	— 0,255	— 8,83	— 0,06	— 9,145	— 0,1882	9 690	0,00848	— 3,60

10. Anstellwinkel der Düse $\beta = 15°$ stb

0,60	0,2053	14,807	9,710	— 0,635	23,882	0,4905	69 550	0,06085	0,2633
0,60	0,2053	14,807	8,985	— 0,635	23,157	0,4765	69 550	0,06085	0,2558
0,90	0,3065		7,09	— 1,075			66 800	0,05845	
0,90	0,3065	14,012	7,45	— 1,075	20,387	0,4195	64 700	0,0566	0,3613
1,20	0,4085	13,039	5,29	— 1,505	16,824	0,3463	61 250	0,0536	0,4132
1,50	0,5108	11,946	3,95	— 1,92	13,976	0,2876	57 100	0,0500	0,467
1,801	0,613	10,473	2,56	— 2,80	10,233	0,2106	51 900	0,0454	0,452
2,102	0,716	8,261	0,45	— 2,90	5,811	0,1196	42 900	0,03755	0,3625
2,400	0,8175	5,309	— 1,89	— 2,39	1,029	0,02118	31 840	0,02776	0,0992
2,701	0,920	2,697	— 4,51	— 2,24	— 4,053	— 0,0834	21 450	0,01877	— 0,65
2,900	0,990	0,603	— 4,75	— 2,03	— 6,177	— 0,1272	14 530	0,01272	— 1,574

Freifahrt – Wirkungsgrad — Doppeldüse 64/49 — Stellung 2

v_e	Λ	$S_{Prop.}$	$S_{prim.}$*	$S_{sek.}$*	$S_{ges.}$	k_S	M	k_M	η
m/s	–	kp	kp	kp	kp	–	cm p	–	–
11. Anstellwinkel der Düse $\beta = 20°$ stb									
0,45	0,154	15,085	11,37	— 1,515	24,940	0,5135	68 500	0,05995	0,2113
0,6	0,2053	14,867	9,245	— 1,685	22,427	0,4620	67 500	0,0591	0,2555
0,901	0,3065	14,052	7,80	— 2,035	19,817	0,4080	64 400	0,05635	0,353
1,201	0,409	13,099	5,38	— 2,745	15,734	0,3240	61 250	0,0536	0,393
1,50	0,5108	12,086	4,13	— 3,46	12,756	0,2648	57 450	0,0503	0,4275
1,802	0,613	10,673	2,38	— 4,53	8,523	0,1755	51 900	0,0454	0,377
2,101	0,716	8,241	0,27	— 4,93	3,581	0,0737	43 300	0,03775	0,2222
2,401	0,818	5,369	— 2,17	— 4,98	— 1,781	— 0,03665	32 150	0,02815	— 0,207
2,702	0,920	2,597	— 4,15	— 5,12	— 6,673	— 0,1374	22 130	0,01937	— 1,036
2,90	0,990	0,863	— 5,20	— 5,47	— 9,807	— 0,2020	13 840	0,01210	— 2,628
12. Anstellwinkel der Düse $\beta = 25°$ stb									
0,45	0,154	15,225	11,45	— 3,045	23,630	0,4860	68 500	0,05995	0,1986
0,602	0,207	14,947	10,045	— 3,315	21,677	0,4460	67 450	0,0590	0,2487
0,90	0,3065	14,212	8,07	— 3,665	18,617	0,3833	65 050	0,0569	0,3282
1,20	0,4085	13,239	5,91	— 4,465	14,684	0,3022	61 250	0,0536	0,3663
1,50	0,5108	12,186	4,22	— 5,18	11,226	0,2310	57 400	0,05025	0,3737
1,80	0,612	10,633	1,76	— 6,49	5,903	0,1216	51 900	0,0454	0,2605
2,10	0,715	8,241	0,54	— 7,40	1,381	0,02842	43 600	0,03815	0,0848
2,402	0,818	5,769	— 1,55	— 7,95	— 3,731	— 0,07681	33 200	0,02907	— 0,4205
2,70	0,919	2,977	— 3,35	— 8,76	— 9,133	— 0,1880	22 490	0,01968	— 1,396
2,90	0,990	1,143	— 4,39	— 8,72	— 11,967	— 0,2463	15 220	0,01320	— 2,938

* Strebenwiderstand abgezogen

13. Anstellwinkel der Düse $\beta = 30°$ stb

0,45	0,154	14,385	11,45	— 4,965	20,870	0,4295	69 200	0,06055	0,1737
0,60	0,2053	15,107	10,225	— 5,325	20,007	0,4140	68 250	0,0597	0,2365
0,90	0,3065	14,412	7,80	— 5,865	16,347	0,3362	65 700	0,0577	0,284
1,20	0,4085	13,519	6,00	— 6,475	13,044	0,2675	62 300	0,0545	0,3186
1,50	0,5108	12,406	4,31	— 7,29	9,426	0,1940	58 100	0,0508	0,3101
1,80	0,612	12,833	2,74	— 8,65	6,923	0,1426	52 250	0,0457	0,3035
2,10	0,715	8,441	0,18	— 9,88	— 1,620	— 0,0333	43 950	0,03845	— 0,062
2,402	0,818	5,729	— 1,19	— 10,44	— 5,901	— 0,1225	33 550	0,02935	— 0,5425
2,701	0,920	2,857	— 3,08	— 11,63	— 11,853	— 0,244	22 830	0,02000	— 1,785
2,905	0,992	1,103	— 4,13	— 12,08	— 15,107	— 0,311	15 230	0,01333	— 3,680

Ruderquerkraft bezogen auf die zweifache Düsenprojektionsfläche

Doppeldüse 64/49 — Stellung 1

v_e	Q	c_Q	v_e	Q	c_Q	v_e	Q	c_Q
m/s	kp	–	m/s	kp	–	m/s	kp	–
1. Anstellwinkel der Düse $\beta = 30°$ bb			2. Anstellwinkel der Düse $\beta = 25°$ bb			3. Anstellwinkel der Düse $\beta = 20°$ bb		
0,449	7,68	6,98	2,901	19,63	0,429	0,45	4,24	3,86
0,6	7,78	3,97	2,701	19,93	0,502	0,601	4,78	2,44
0,899	8,08	1,837	2,4	18,4	0,588	0,9	5,52	1,252
1,2	8,28	1,044	2,101	15,94	0,664	1,201	7,0	0,894
1,5	8,48	0,695	1,803	12,83	0,725	1,5	9,29	0,761
1,802	9,39	0,53	1,5	10,52	0,862	1,801	12,28	0,698
2,1	10,4	0,433	1,2	8,68	1,108	2,1	15,33	0,639
2,405	11,11	0,353	0,9	7,27	1,648	2,401	18,4	0,588
2,7	11,92	0,3	0,604	6,46	3,25	2,702	20,85	0,524
2,901	12,12	0,265	0,45	6,26	5,69	2,9	22,08	0,482
4. Anstellwinkel der Düse $\beta = 15°$ bb			5. Anstellwinkel der Düse $\beta = 10°$ bb			6. Anstellwinkel der Düse $\beta = 5°$ bb		
3,001	22,7	0,464	2,9	15,23	0,333	0,45	0,2	0,182
2,701	20,85	0,525	2,7	13,74	0,346	0,601	0,61	0,311
2,4	17,17	0,549	2,4	12,03	0,384	0,902	1,62	0,366
2,1	14,43	0,601	2,101	10,8	0,45	1,2	2,72	0,347
1,8	11,32	0,643	1,801	9,33	0,53	1,5	4,24	0,348
1,5	8,48	0,695	1,501	7,12	0,584	1,802	6,46	0,365
1,203	6,06	0,769	1,201	4,91	0,626	2,101	7,98	0,332
0,9	4,04	0,916	0,901	2,72	0,615	2,401	7,27	0,232
0,599	2,93	1,495	0,6	1,23	0,628	2,702	8,38	0,31
0,45	2,52	2,29	0,45	0,61	0,555	3,0	9,29	0,19

7. Anstellwinkel der Düse $\beta = 5°$ stb			8. Anstellwinkel der Düse $\beta = 10°$ stb			9. Anstellwinkel der Düse $\beta = 15°$ stb		
0,45	0,2	0,182	2,902	14,74	0,321	0,45	2,02	1,836
0,602	0,61	0,31	2,7	14,14	0,356	0,601	2,42	1,235
0,9	1,41	0,32	2,403	12,12	0,386	0,9	3,64	0,826
1,199	2,42	0,309	2,1	10,9	0,454	1,2	5,66	0,723
1,5	3,94	0,323	1,801	9,29	0,528	1,501	8,08	0,662
1,8	5,05	0,287	1,5	6,87	0,563	1,804	11,72	0,666
2,101	5,05	0,2103	1,199	4,65	0,594	2,103	14,14	0,589
2,401	5,66	0,181	0,9	2,83	0,642	2,402	17,93	0,572
2,7	6,67	0,168	0,599	1,01	0,515	2,7	20,05	0,505
3,001	7,68	0,157	0,45	0,61	0,555	2,9	22,5	0,491
10. Anstellwinkel der Düse $\beta = 20°$ stb			**11. Anstellwinkel der Düse $\beta = 25°$ stb**			**12. Anstellwinkel der Düse $\beta = 30°$ stb**		
2,9	21,6	0,472	0,449	6,05	5,5	0,901	7,87	1,781
2,701	21,0	0,529	0,599	6,36	3,25	2,4	10,5	0,335
2,401	18,23	0,582	0,9	7,28	1,65	2,7	11,1	0,28
2,1	14,2	0,591	1,201	8,3	1,06	3,0	11,5	0,235
1,801	11,9	0,676	1,502	10,5	0,854	2,1	9,7	0,404
1,501	9,3	0,762	1,799	12,7	0,722	1,797	9,0	0,511
1,2	6,87	0,877	2,101	16,41	0,684	1,5	8,3	0,68
0,902	5,25	1,176	2,4	18,23	0,582	1,199	7,87	1,005
0,6	4,44	2,26	2,702	20,38	0,512	0,6	7,37	3,76
0,45	3,84	3,49	2,901	19,76	0,432	0,449	7,07	6,43

Ruderquerkraft bezogen auf die zweifache Düsenprojektionsfläche

Doppeldüse 64/49 Stellung 2

v_e	Q	c_Q	v_e	Q	c_Q	v_e	Q	c_Q
m/s	kp	–	m/s	kp	–	m/s	kp	–
1. Anstellwinkel der Düse $\beta = 30°$ bb			2. Anstellwinkel der Düse $\beta = 25°$ bb			3. Anstellwinkel der Düse $\beta = 20°$ bb		
2,9	21,2	0,463	0,9	7,12	1,614	0,45	4,42	4,018
2,7	20,25	0,509	0,6	6,38	3,24	0,6	4,42	2,243
2,3	18,4	0,588	0,45	6,13	5,575	0,9	5,64	1,278
2,1	15,96	0,665	1,2	8,35	1,066	1,2	6,87	0,877
1,8	13,26	0,752	1,5	10,3	0,842	1,5	9,33	0,7625
1,5	11,05	0,903	1,8	13,0	0,737	1,8	12,77	0,7225
1,2	9,58	1,224	2,1	15,96	0,664	2,1	15,7	0,6545
0,9	8,84	2,004	2,3	18,4	0,586	2,3	18,4	0,588
0,6	8,23	4,20	2,7	19,95	0,5025	2,7	21,2	0,5325
0,45	7,61	6,92	2,9	20,25	0,243	2,9	21,45	0,4685
4. Anstellwinkel der Düse $\beta = 15°$ bb			5. Anstellwinkel der Düse $\beta = 10°$ bb			6. Anstellwinkel der Düse $\beta = 5°$ bb		
2,9	21,2	0,4633	0,45	0,86	0,782	2,9	7,37	0,161
2,7	19,36	0,489	0,6	1,23	0,6275	2,7	7,12	0,177
2,3	16,28	0,5203	0,9	2,58	0,585	2,3	5,41	0,173
2,1	14,0	0,5835	1,2	4,42	0,5645	2,1	4,91	0,205
1,8	11,17	0,634	1,5	6,38	0,521	1,8	4,67	0,265
1,5	8,1	0,662	1,8	8,6	0,488	1,5	3,68	0,299
1,2	5,64	0,7205	2,1	9,83	0,41	1,2	2,46	0,314
0,9	3,56	0,806	2,3	11,3	0,36	0,9	1,6	0,363
0,6	2,58	1,317	2,7	13,63	0,3433	0,6	0,61	0,313
0,45	2,21	2,01	3,0	15,48	0,316	0,45	0,37	0,336

7. Anstellwinkel der Düse $\beta = 5°$ stb			8. Anstellwinkel der Düse $\beta = 10°$ stb			9. Anstellwinkel der Düse $\beta = 15°$ stb		
0,45	0,36	0,3273	0,45	0,49	0,4455	2,9	20,42	0,4465
0,6	0,61	0,3128	0,6	1,22	0,6225	2,7	19,45	0,49
0,9	1,34	0,304	0,6	1,09	0,556	2,4	16,53	0,5275
1,2	2,31	0,295	0,9	2,68	0,608	2,1	13,98	0,608
1,5	3,52	0,2878	1,2	4,38	0,559	1,8	11,06	0,628
1,8	4,86	0,2757	1,5	6,32	0,516	1,5	8,03	0,656
2,1	4,86	0,202	1,8	8,14	0,462	1,2	5,59	0,714
2,3	5,84	0,1865	2,1	9,6	0,4003	0,9	3,65	0,828
2,7	7,05	0,1775	2,4	10,93	0,349	0,6	2,67	1,363
3,0	7,54	0,1539	2,7	13,37	0,337	0,6	2,43	1,24
			3,0	14,6	0,298	0,9	3,89	0,882

10. Anstellwinkel der Düse $\beta = 20°$ stb			11. Anstellwinkel der Düse $\beta = 25°$ stb			12. Anstellwinkel der Düse $\beta = 30°$ stb		
0,6	4,38	2,233	2,9	20,9	0,457	0,449	7,53	6,845
0,45	4,13	3,753	2,7	20,42	0,5145	0,6	7,9	4,03
0,9	5,35	1,213	2,4	18,23	0,5805	0,9	8,51	1,93
1,2	7,05	0,90	2,1	16,16	0,674	1,2	9,48	1,211
1,5	9,24	0,755	1,8	13,25	0,752	1,5	10,7	0,874
1,8	12,03	0,6805	1,5	10,2	0,834	1,8	13,0	0,738
2,1	15,57	0,6495	1,2	8,26	1,056	2,1	15,43	0,643
2,4	18,6	0,592	0,9	7,05	1,598	2,4	18,23	0,5805
2,7	21,63	0,545	0,6	6,44	3,27	2,7	20,42	0,5145
2,9	21,87	0,478	0,45	5,96	5,42	2,9	21,15	0,461

Ruder-Querkraft und Ruder-Momentenbeiwerte entsprechend Propellerquerkraft und Propeller-Momentenbeiwerte

Doppeldüse 64/49 Stellung 1

v_e	K_Q	K_{Ru-M}	v_e	K_Q	K_{Ru-M}	v_e	K_Q	K_{Ru-M}
m/s	–	–	m/s	–	–	m/s	–	–
1. Anstellwinkel der Düse $\beta = 30°$ bb			2. Anstellwinkel der Düse $\beta = 25°$ bb			3. Anstellwinkel der Düse $\beta = 20°$ bb		
0,45	0,158	0,0412	0,45	0,1288	0,0352	0,45	0,0872	0,0299
0,6	0,16	0,0442	0,6	0,133	0,0352	0,6	0,0985	0,0333
0,9	0,1665	0,0589	0,9	0,1495	0,0369	0,9	0,1135	0,025
1,2	0,1705	0,0648	1,2	0,1785	0,0382	1,2	0,144	0,0222
1,5	0,1745	0,0736	1,5	0,2165	0,0412	1,5	0,191	0,0299
1,8	0,1932	0,0972	1,8	0,264	0,0426	1,8	0,2525	0,0305
2,1	0,214	0,125	2,1	0,328	0,0526	2,1	0,316	0,0333
2,4	0,2285	0,1506	2,4	0,3785	0,0555	2,4	0,3785	0,036
2,7	0,245	0,170	2,7	0,4	0,0665	2,7	0,428	0,0442
2,9	0,2495	0,1805	2,9	0,404	0,0804	2,9	0,454	0,0555
4. Anstellwinkel der Düse $\beta = 15°$ bb			5. Anstellwinkel der Düse $\beta = 10°$ bb			6. Anstellwinkel der Düse $\beta = 5°$ bb		
0,45	0,0519	0,0113	0,45	0,01255	0,0279	0,45	0,00412	0
0,6	0,0603	0,0113	0,6	0,0253	0,0279	0,6	0,01255	0
0,9	0,083	0,0113	0,9	0,056	0	0,9	0,03333	0
1,2	0,1245	0,0113	1,2	0,101	0,0555	1,2	0,056	0,003
1,5	0,1745	0,0163	1,5	0,1463	0,1107	1,5	0,0872	0,00599
1,8	0,233	0,0176	1,8	0,192	0,1107	1,8	0,133	0,0103
2,1	0,297	0,0206	2,1	0,2222	0,1107	2,1	0,1643	0,0103
2,4	0,353	0,01395	2,4	0,248	0,1383	2,4	0,1495	0,0113
2,7	0,428	0,0194	2,7	0,283	0,166	2,7	0,1725	0,00897
3,0	0,467	0,0221	2,9	0,314	0,194	3,0	0,191	0,0133

7. Anstellwinkel der Düse $\beta = 5°$ stb			8. Anstellwinkel der Düse $\beta = 10°$ stb			9. Anstellwinkel der Düse $\beta = 15°$ stb		
0,45	0,00412	0,00133	0,45	0,0208	0	0,45	0,0416	0,012
0,6	0,01255	0	0,6	0,01255	0	0,6	0,0498	0,012
0,9	0,029	0	0,9	0,0582	0,003	0,9	0,0748	0,012
1,2	0,0498	0,006	1,2	0,0956	0,01065	1,2	0,1164	0,0120
1,5	0,081	0,009	1,5	0,1413	0,0153	1,5	0,1663	0,0183
1,8	0,104	0,0106	1,8	0,1913	0,0213	1,8	0,241	0,0213
2,1	0,104	0,0153	2,1	0,224	0,0153	2,1	0,291	0,0243
2,4	0,1164	0,012	2,4	0,2495	0,0213	2,4	0,369	0,0224
2,7	0,1372	0,0153	2,7	0,291	0,0213	2,7	0,413	0,0281
3,0	0,1583	0,0106	2,9	0,303	0,0213	2,9	0,463	0,0309
10. Anstellwinkel der Düse $\beta = 20°$ stb			**11. Anstellwinkel der Düse $\beta = 25°$ stb**			**12. Anstellwinkel der Düse $\beta = 30°$ stb**		
0,45	0,0789	0,0273	0,45	0,1245	0,0394	0,45	0,1455	0,0468
0,6	0,0913	0,0273	0,6	0,131	0,0394	0,6	0,1517	0,0548
0,9	0,108	0,0273	0,9	0,15	0,0394	0,9	0,162	0,0668
1,2	0,1413	0,0303	1,2	0,1708	0,0437	1,2	0,162	0,0725
1,5	0,1915	0,0303	1,5	0,216	0,0437	1,5	0,1708	0,0909
1,8	0,245	0,0303	1,8	0,261	0,0454	1,8	0,1852	0,103
2,1	0,292	0,0345	2,1	0,3375	0,0615	2,1	0,1996	0,127
2,4	0,375	0,0438	2,4	0,375	0,0672	2,4	0,216	0,157
2,7	0,432	0,0589	2,7	0,419	0,0812	2,7	0,2283	0,182
2,9	0,444	0,0748	2,9	0,406	0,0926	3,0	0,2367	0,188

Ruder-Querkraft und Ruder-Momentenbeiwerte entsprechend Propellerquerkraft und Propeller-Momentenbeiwerte

Doppeldüse 64/49 — Stellung 2

v_e	K_Q	K_{Ru-M}	v_e	K_Q	K_{Ru-M}	v_e	K_Q	K_{Ru-M}
m/s	–	–	m/s	–	–	m/s	–	–
1. Anstellwinkel der Düse $\beta = 30°$ bb			2. Anstellwinkel der Düse $\beta = 25°$ bb			3. Anstellwinkel der Düse $\beta = 20°$ bb		
0,45	0,1565	0,0358	0,45	0,126	0,0332	0,45	0,0909	0,02755
0,6	0,169	0,0386	0,6	0,131	0,0358	0,6	0,0909	0,02755
0,9	0,182	0,0415	0,9	0,1463	0,0358	0,9	0,116	0,02755
1,2	0,197	0,0472	1,2	0,1715	0,0357	1,2	0,141	0,0249
1,5	0,2275	0,0498	1,5	0,212	0,0357	1,5	0,192	0,0233
1,8	0,273	0,0555	1,8	0,267	0,0415	1,8	0,266	0,0249
2,1	0,3285	0,0665	2,1	0,3285	0,0472	2,1	0,323	0,02755
2,4	0,3785	0,0748	2,4	0,3785	0,0555	2,4	0,3785	0,0332
2,7	0,4165	0,0831	2,7	0,4105	0,0665	2,7	0,436	0,0415
2,9	0,436	0,0888	2,9	0,4165	0,0711	2,9	0,4415	0,0442
4. Anstellwinkel der Düse $\beta = 15°$ bb			5. Anstellwinkel der Düse $\beta = 10°$ bb			6. Anstellwinkel der Düse $\beta = 5°$ bb		
0,45	0,0455	0,01097	0,45	0,01657	0	0,45	0,00761	0,00565
0,6	0,0531	0,00831	0,6	0,0253	0	0,6	0,01255	0
0,9	0,0731	0,00831	0,9	0,0531	0	0,9	0,0329	0
1,2	0,116	0,00831	1,2	0,0909	0,00565	1,2	0,0506	0,00266
1,5	0,1665	0,01097	1,5	0,131	0,0113	1,5	0,0757	0,00831
1,8	0,2298	0,01395	1,8	0,1768	0,01696	1,8	0,0955	0,0113
2,1	0,288	0,01661	2,1	0,202	0,01395	2,1	0,101	0,00831
2,4	0,335	0,01661	2,4	0,2325	0,01661	2,4	0,111	0,00831
2,7	0,3985	0,0233	2,7	0,2803	0,01661	2,7	0,1463	0,01487
2,9	0,436	0,0233	3,0	0,3185	0,01924	2,9	0,1515	0,01487

7. Anstellwinkel der Düse $\beta = 30°$ stb			8. Anstellwinkel der Düse $\beta = 25°$ stb			9. Anstellwinkel der Düse $\beta = 20°$ stb		
0,45	0,153	0,0394	0,45	0,1227	0,0364	0,45	0,085	0,0279
0,6	0,1626	0,0394	0,6	0,1325	0,0392	0,6	0,0902	0,03095
0,9	0,175	0,0449	0,9	0,145	0,0392	0,9	0,11	0,0279
1,2	0,195	0,0502	1,2	0,17	0,0415	1,2	0,145	0,0279
1,5	0,22	0,0558	1,5	0,21	0,0449	1,5	0,190	0,0279
1,8	0,267	0,0615	1,8	0,273	0,0505	1,8	0,248	0,03095
2,1	0,318	0,0698	2,1	0,333	0,0588	2,1	0,32	0,0336
2,4	0,375	0,0784	2,4	0,375	0,0644	2,4	0,383	0,0419
2,7	0,42	0,0897	2,7	0,42	0,0757	2,7	0,445	0,0532
2,9	0,435	0,0952	2,9	0,43	0,0784	2,9	0,45	0,0559

10. Anstellwinkel der Düse $\beta = 15°$ stb			11. Anstellwinkel der Düse $\beta = 10°$ stb			12. Anstellwinkel der Düse $\beta = 5°$ stb		
0,6	0,0525	0,0140	0,45	0,0101	0	0,45	0,0074	0
0,9	0,0775	0,0140	0,6	0,0251	0,00266	0,6	0,01255	0
1,2	0,115	0,0139	0,9	0,055	0,00565	0,9	0,0276	0,00266
1,5	0,1652	0,01696	1,2	0,0902	0,0112	1,2	0,0475	0,00565
1,8	0,228	0,01967	1,5	0,1282	0,01696	1,5	0,0725	0,0112
2,1	0,287	0,0223	1,8	0,1675	0,0233	1,8	0,10	0,0139
2,4	0,34	0,02505	2,1	0,1975	0,0233	2,1	0,10	0,0139
2,7	0,40	0,0279	2,4	0,225	0,0279	2,4	0,1202	0,01696
2,9	0,42	0,03095	2,7	0,275	0,0279	2,7	0,145	0,01696
			3,0	0,30	0,0279	3,0	0,1532	0,01696

FORSCHUNGSBERICHTE DES LANDES NORDRHEIN-WESTFALEN

Herausgegeben im Auftrage des Ministerpräsidenten Dr. Franz Meyers
vom Landesamt für Forschung, Düsseldorf

SCHIFFAHRT

HEFT 211
Prof. Dr.-Ing. Wilhelm Sturtzel
und Dr.-Ing. Werner Graff, Duisburg
Die Versuchsanstalt für Binnenschiffbau, Duisburg, *Institut an der Rhein.-Westf. Technischen Hochschule Aachen*
1956. 37 Seiten, 22 Abb. 11,—

HEFT 333
Versuchsanstalt für Binnenschiffbau e. V., Duisburg
Institut an der Rhein.-Westf. Technischen Hochschule Aachen
I. Der Strömungseinfluß auf den Form- und Reibungswiderstand von Binnenschiffen
II. Der Stömungseinfluß auf die Nachstrom- und Sogverhältnisse bei Binnenschiffen
1956. 31 Seiten, 14 Abb. DM 9,80

HEFT 366
Prof. Dipl.-Ing. Wilhelm Sturtzel und Dipl.-Ing. Hermann Schmidt-Stiebitz, Duisburg
Bei Flachwasserfahrten durch die Strömungsverteilung am Boden und an den Seiten stattfindende Beeinflussung des Reibungswiderstandes von Schiffen
1957. 85 Seiten, 39 Abb., 28 Tabellen. DM 20,40

HEFT 475
Prof. Dipl.-Ing. Wilhelm Sturtzel, Obering. Kurt Helm und Dipl.-Ing. Hans Heuser, Versuchsanstalt für Binnenschiffbau e. V., Duisburg
Systematische Ruderversuche mit einem Schleppkahn und einem Binnenselbstfahrer vom Typ „Gustav Koenigs"
1958. 61 Seiten, 38 Abb., 5 Tabellen. DM 20,10

HEFT 476
Dipl.-Ing. Hermann Schmidt-Stiebitz, Versuchsanstalt für Binnenschiffbau e. V., Duisburg
Leiter: Prof. Dipl.-Ing. Wilhelm Sturtzel
Einfluß der Hinterschiffsform auf das Manövrieren von Schiffen auf flachem Wasser
1958. 88 Seiten, 138 Abbildungen im Anhang, zahlr. Tabellen. DM 54,—

HEFT 561
Dipl.-Ing. Hermann Schmidt-Stiebitz, Versuchsanstalt für Binnenschiffbau e. V., Duisburg
Leiter: Prof. Dipl.-Ing. Wilhelm Sturtzel
Verbesserung des Wirkungsgrades von Düsenpropellern durch zusätzlich angeordnete Mischdüsen
1959. 33 Seiten, 11 Abb. DM 9,60

HEFT 617
Prof. Dipl.-Ing. Wilhelm Sturtzel und
Dr.-Ing. Werner Graff,
Versuchsanstalt für Binnenschiffbau e. V., Duisburg
Systematische Untersuchungen von Kleinschiffsformen auf flachem Wasser im unter- und überkritischen Geschwindigkeitsbereich
1958. 47 Seiten, 23 Abb., 12 Tabellen. Vergriffen

HEFT 618
Prof. Dipl.-Ing. Wilhelm Sturtzel und
Dr.-Ing. Werner Graff,
Versuchsanstalt für Binnenschiffbau e. V., Duisburg
Untersuchungen der in stehendem und strömendem Wasser festgestellten Änderungen des Schiffswiderstandes durch Druckmessungen
1958. 34 Seiten, 21 Abb. DM 10,10

HEFT 691
Dipl.-Ing. Hermann Schmidt-Stiebitz,
Versuchsanstalt für Binnenschiffbau e. V., Duisburg
Leiter: Prof. Dipl.-Ing. Wilhelm Sturtzel
Örtliche Geschwindigkeitsverteilung an den Seiten und am Boden von Schiffen bei Flachwasserfahrten
1959. 174 Seiten, 58 Abb., zahlr. Tabellen. DM 41,70

HEFT 746
Dipl.-Ing. Hermann Schmidt-Stiebitz,
Versuchsanstalt für Binnenschiffbau e. V., Duisburg
Leiter: Prof. Dipl.-Ing. Wilhelm Sturtzel
Untersuchung der das Wellenbild beim Übergang vom tiefen auf flaches Wasser beeinflussenden Faktoren
1959. 51 Seiten, 24 Abb. DM 14,80

HEFT 763
Dipl.-Ing. Hermann Schmidt-Stiebitz, Versuchsanstalt für Binnenschiffbau e. V., Duisburg Institut an der Rhein.-Westf. Technischen Hochschule Aachen
Leiter: Prof. Dipl.-Ing. Wilhelm Sturtze
Untersuchung über den Ausbreitungswinkel der Bug- und Heckwellen auf flachem Wasser
1959. 39 Seiten, 22 Abb. DM 12,40

HEFT 774
Dipl.-Ing. Hermann Schmidt-Stiebitz, Versuchsanstalt für Binnenschiffbau e. V., Duisburg Institut an der Rhein.-Westf. Technischen Hochschule Aachen
Einfluß des Wellenbildes auf das Drehkreisverhalten von Flachwasserschiffen bei größeren Geschwindigkeiten
1959. 39 Seiten, 31 Abb. DM 13,10

HEFT 802
Prof. Dipl.-Ing. Wilhelm Sturtzel und Dipl.-Ing. Hermann Schmidt-Stiebitz, Lehrstuhl für Schiffbau an der Rhein.-Westf. Technischen Hochschule Aachen, Institut: Versuchsanstalt für Binnenschiffbau e. V., Duisburg
Die Widerstandsverhältnisse miteinander verbundener getauchter und halbgetauchter Körper und die Ermittlung gegenseitiger Beeinflussung, günstiger Formgestaltung und des Maßstabeinflusses bei Anhängen
1959. 29 Seiten, 25 Abbildungen im Anhang. DM 15,40

HEFT 815
Prof. Dipl.-Ing. Wilhelm Sturtzel, Obering. Kurt Helm und Dr.-Ing. Erich Schäle, Versuchsanstalt für Binnenschiffbau e. V., Duisburg
Versuche mit ummantelten Schraubenpropellern zur Ermittlung der Maßstab-Kennzahl
1959. 61 Seiten, 2 Abb., 5 Tabellen, 36 Anlagen. DM 18,70

HEFT 845
Prof. Dipl.-Ing. Wilhelm Sturtzel und Dipl.-Ing. Hermann Schmidt-Stiebitz, Lehrstuhl für Schiffbau an der Rhein.-Westf. Technischen Hochschule Aachen, Institut: Versuchsanstalt für Binnenschiffbau e. V., Duisburg
Untersuchung der Einflußlänge eines durch Kreisspant idealisierten Schiffskörpers bei der Fahrt durch einen offenen Kanal mit konzentrischem Kreisquerschnitt
1960. 67 Seiten, 36 Abb. DM 23,40

HEFT 852
Prof. Dipl.-Ing. Wilhelm Sturtzel und Dipl.-Ing. Hermann Schmidt-Stiebitz, Lehrstuhl für Schiffbau an der Rhein.-Westf. Technischen Hochschule Aachen, Institut: Versuchsanstalt für Binnenschiffbau e. V., Duisburg
Klärung des widerstandserhöhenden Effektes bei Talfahrt von Binnenschiffen
1960. 62 Seiten, 46 Abb. DM 18,20

HEFT 868
Prof. Dipl.-Ing. Wilhelm Sturtzel und Dipl.-Ing. Hans H. Heuser, Versuchsanstalt für Binnenschiffbau e. V., Duisburg
Widerstands- und Propulsionsmessungen für den Normalselbstfahrer Typ „Gustav Koenigs"
1960. 89 Seiten, 40 Abb., zahlr. Tabellen. DM 24,30

HEFT 895
Prof. Dipl.-Ing. Wilhelm Sturtzel und Dipl.-Ing. Hermann Schmidt-Stiebitz, Lehrstuhl für Schiffbau an der Rhein.-Westf. Technischen Hochschule Aachen, Institut: Versuchsanstalt für Binnenschiffbau e. V., Duisburg
Untersuchung von Mitteln zur Dämpfung der Bugwelle an Flachwasserschiffen
1960. 37 Seiten, 19 Abb. DM 11,90

HEFT 1054
Prof. Dipl.-Ing. Wilhelm Sturtzel, Dr.-Ing. Werner Graff und Dipl.-Ing. Klaus Suhrbier, Versuchsanstalt für Binnenschiffbau e. V., Duisburg
Untersuchung der Erregung von mechanischen Schwingungen des Schiffskörpers auf flachem Wasser durch den Propeller
1961. 32 Seiten, 14 Anagen. DM 13,—

HEFT 1061
Prof. Dipl.-Ing. Wilhelm Sturtzel, Dr.-Ing. Werner Graff und Schiffbau-Ing. Wilfried Nussbaum, Versuchsanstalt für Binnenschiffbau e. V., Duisburg
Grundsätzliche Untersuchungen über die Stabilität von Schiffen im Drehkreis
1962. 21 Seiten, 8 Anagen. DM 9,90

HEFT 1072
Prof. Dipl.-Ing. Wilhelm Sturtzel, Dr.-Ing. Erich Schäle und Dipl.-Ing. Hans Heuser, Versuchsanstalt für Binnenschiffbau e. V., Duisburg
Untersuchung der Manövriereigenschaften von geschobenen Fahrzeugen, die einzeln oder im Verband befördert werden, unter dem Einfluß von Strömung und Fahrwasserbeschränkung
1962. 81 Seiten, 6 Abb., 2 Tabellen, zahlr. Anlagen. DM 41,80

HEFT 1110
Prof. Dipl.-Ing. Wilhelm Sturtzel und Dipl.-Ing. Hermann Schmidt-Stieblitz, Versuchsanstalt für Binnenschiffbau e. V., Duisburg
Untersuchung der Wasserspiegelabsenkung um ein Flachwasserschiff
1962. 36 Seiten, 26 Abb. DM 21,50

HEFT 1116
Prof. Dipl.-Ing. Wilhelm Sturtzel und Dipl.-Ing. Ulrich Adam, Versuchsanstalt für Binnenschiffbau e. V., Duisburg Institut an der Rhein.-Westf. Technischen Hochschule Aachen
Untersuchung der Wirkungsgradverbesserungen von Propellern, erstens bei kleinem und zweitens bei großem Fortschrittsgrad durch Ummantelung mit Spaltdüsen
1963. 45 Seiten, 51 Abb., 15 Tabellen im Anhang. DM 9,—

HEFT 1137
Prof. Dipl.-Ing. Wilhelm Sturtzel und
Dr.-Ing. Werner Graff,
Versuchsanstalt für Binnenschiffbau e. V., Duisburg
Institut an der Rhein.-Westf. Technischen Hochschule Aachen
Untersuchung über die Ausbildung optimaler Rundspantbootsformen
1963. 63 Seiten, 19 Abb., 25 Tabellen, 3 Anlagen. DM 37,50

HEFT 1243
Prof. Dipl.-Ing. Wilhelm Sturtzel und
Dipl.-Ing. Hermann Schmidt-Stiebitz,
Versuchsanstalt für Binnenschiffbau e. V., Duisburg
Institut an der Rhein.-Westf. Technischen Hochschule Aachen
Untersuchung von Mitteln für verbesserte Manövriereigenschaften von Flachwasserschiffen
1963. 68 Seiten, zahlreiche Abbildungen und Tabellen. DM 41,80

HEFT 1244
Prof. Dipl.-Ing. Wilhelm Sturtzel,
Dr.-Ing. Erich Schäle und Ing. Dittberne,
Versuchsanstalt für Binnenschiffbau e. V., Duisburg
Forschungsschiff ‚Fritz Horn', das schwimmende Laboratorium für schiffstechnische Großversuche der Versuchsanstalt für Binnenschiffbau e. V., Duisburg
1964. 83 Seiten, 27 Abb., 19 Anlagen. DM 54,80

HEFT 1272
Dr.-Ing. Werner Graff,
Versuchsanstalt für Binnenschiffbau e. V., Duisburg
Direktor: Prof. Dipl.-Ing. Sturtzel
Untersuchung über die beim Passieren von Schiffen auftretenden Kräfte und Momente
1963. 49 Seiten, 21 Anlagen. DM 24,—

HEFT 1316
Dr. Franz Kolberg,
Institut für Mathematik und Großrechenanlagen an der Rhein.-Westf. Technischen Hochschule Aachen
Direktor: Prof. Dr. Hubert Cremer
Theoretische Untersuchung des Begegnungs- oder Überholungsvorganges von Schiffen
1964. 80 Seiten, 13 Abb. DM 76,50

HEFT 1324
Prof. Dipl.-Ing. Wilhelm Sturtzel und Dipl.-Ing. Adam,
Versuchsanstalt für Binnenschiffbau, Duisburg
Untersuchung der Wirkungsgradverbesserung an Spaltdüsensystemen durch optimale Gestaltung des Diffusorauslaufs
1964. 36 Seiten, 69 Abb., 22 Tabellen im Anhang. DM 58,—

HEFT 1431
Prof. Dipl.-Ing. Wilhelm Sturtzel und Dipl.-Ing. Ulrich Adam, Versuchsanstalt für Binnenschiffbau Duisburg, Institut an der Rhein.-Westf. Technischen Hochschule Aachen
Untersuchungen über den Einfluß der Spaltbreite zwischen Propelleraußenrand und Düseninnenwand auf den Wirkungsgrad von ummantelten Kaplanschrauben
1965. 50 Seiten, 53 Abb., 23 Tabellen. DM 51,80

HEFT 1590
Prof. Dipl.-Ing. Wilhelm Sturtzel und
Dr.-Ing. Hermann Schmidt-Stiebitz,
Versuchsanstalt für Binnenschiffbau e. V., Duisburg
Institut an der Rhein.-Westf. Technischen Hochschule Aachen
Untersuchung von Ellipsoidformen zwecks Widerstandsverminderung von Flachwasserschiffen
75. Mitteilung der VBD.
1966. 39 Seiten, 26 Abb. DM 29,80

HEFT 1623
Prof. Dipl.-Ing. Wilhelm Sturtzel und
Dr.-Ing. Werner Graff,
Versuchsanstalt für Binnenschiffbau e. V., Duisburg
Institut an der Rhein.-Westf. Technischen Hochschule Aachen
Untersuchung über die gegenseitige Beeinflussung der Geschwindigkeit und des Kurshaltens beim Überholen eines Schleppzuges durch einen anderen Schleppzug oder einen Selbstfahrer
77. Mitteilung der VBD.
1966. 20 Seiten, 8 Anlagen. DM 39,—

HEFT 1724
Prof. Dipl.-Ing. Wilhelm Sturtzel, Dr.-Ing. Werner Graff und Ing. J. Landgraf, Versuchsanstalt für Binnenschiffbau e. V., Duisburg. Institut an der Rhein.-Westf. Technischen Hochschule Aachen
Untersuchung über den Einfluß des Modellmaßstabes und der Kennzahl auf die Versuchsergebnisse von Schiffsrudern *In Vorbereitung*

HEFT 1725
Prof. Dipl.-Ing. Wilhelm Sturtzel, Dr.-Ing. Werner Graff und Dipl.-Ing. E. Müller, Versuchsanstalt für Binnenschiffbau e. V., Duisburg. Institut an der Rhein.-Westf. Technischen Hochschule Aachen
Untersuchung der Verformung der Wasseroberfläche durch die Verdrängungsströmung bei der Fahrt eines Schiffes auf seitlich beschränktem, flachem Fahrwasser
83. Mitteilung der VBD
1966. 71 Seiten, 46 Abb. DM 52,80

HEFT 1726
Prof. Dipl.-Ing. Wilhelm Sturtzel, Dr.-Ing. Werner Graff und Dipl.-Ing. P. Jusczyk, Versuchsanstalt für Binnenschiffbau e. V., Duisburg
Untersuchung der bei Kurvenkraft auf flachem Wasser auftretenden hydrodynamischen Kräfte am Schiffskörper

HEFT 1727
Prof. Dipl.-Ing. Wilhelm Sturtzel und Dr.-Ing. Hermann Schmidt-Stiebitz, Versuchsanstalt für Binnenschiffbau e. V., Duisburg
Untersuchung der Querkräfte und der Propulsionsgütegrade von Spaltdüsen mit steuerbarer Sekundärdüse
80. Mitteilung der VBD

HEFT 1777
Prof. Dipl.-Ing. Wilhelm Sturtzel und Dr.-Ing. Werner Graff, Versuchsanstalt für Binnenschiffbau e. V., Duisburg. Institut an der Rhein.-Westf. Technischen Hochschule Aachen
Untersuchungen über die Zunahme des Zähigkeitswiderstandes auf flachem Wasser
85. Mitteilung des VBD
In Vorbereitung

HEFT 1812
Prof. Dipl.-Ing. Wilhelm Sturtzel und Schiffbau-Ing. Wilfried Nussbaum, Versuchsanstalt für Binnenschiffbau e. V., Duisburg. Institut an der Rhein.-Westf. Technischen Hochschule Aachen
Untersuchung über Widerstand, Leistungsbedarf, Trimm und Absenkung des Schiffstyps „PENICHE"
86. Mitteilung des VBD *In Vorbereitung*

WESTDEUTSCHER VERLAG · KÖLN UND OPLADEN
567 Opladen/Rhld., Ophovener Straße 1-3

If you have any concerns about our products,
you can contact us on
ProductSafety@springernature.com

In case Publisher is established outside the EU,
the EU authorized representative is:
Springer Nature Customer Service Center GmbH
Europaplatz 3, 69115 Heidelberg, Germany

Printed by Libri Plureos GmbH
in Hamburg, Germany